W0269159

Der

CATALOGUS FAUNAE AUSTRIAE

zählt alle bisher innerhalb der Grenzen des heutigen Österreichs festgestellten rezenten Arten und Unterarten von Tieren auf. Es werden nicht nur die in der Fachliteratur erwähnten Arten berücksichtigt, sondern es finden auch solche möglichst Aufnahme in das Verzeichnis, die in den verschiedenen öffentlichen und privaten Sammlungen enthalten sind, über deren Vorkommen in Österreich jedoch bis jetzt noch nicht berichtet wurde. Damit wird zum ersten Male der Gesamtbestand der Tierwelt Österreichs aufgenommen, das sich, wie kaum ein zweites Land des europäischen Kontinents, trotzdem es verhältnismäßig klein ist, durch eine Vielheit der historisch-geographischen Faunenelemente und eine große ökologische Mannigfaltigkeit auszeichnet.

Es soll aber auch der CATALOGUS zeigen, was die österreichische Heimatforschung bisher auf dem Gebiet der systematischen Zoologie geleistet hat. An dem in den vergangenen 200 Jahren Erarbeiteten sind doch maßgeblich Österreicher beteiligt gewesen, nicht allein an der Feststellung der in Österreich vorkommenden Tierarten, sondern auch an der Schaffung des heutigen natürlichen zoologischen Systems. Carl Claus, Karl Grobben, Berthold Hatschek und Anton Handlirsch zählen zu den weit über die Grenzen Österreichs bekannt gewordenen und anerkannten Zoologen und Systematikern. Zu ihnen gesellt sich eine große Zahl von Wissenschaftlern und Liebhabern, die sich mit kleineren und größeren Gruppen der heimischen Fauna oft viele Jahrzehnte lang beschäftigt und wertvollste Beiträge zur Kenntnis der österreichischen Tierwelt geliefert haben.

Der CATALOGUS soll schließlich zur weiteren Erforschung des einheimischen Tierlebens anregen; er wird für diese sogar zu einer unumgänglich notwendigen Grundlage.

Das Werk gliedert sich in 21 Teile und erscheint in Abteilungen, die für sich paginiert sind; jeder Teil umfaßt eine oder mehrere solche Abteilungen. Diese Art der Einteilung ermöglicht einerseits die sofortige Drucklegung einer Abteilung, sobald diese im Manuskript fertiggestellt ist, andersseits aber doch auch die Gliederung des CATALOGUS nach dem zoologischen System.

Der Katalog zählt alle wesentlichen Kategorien des Systems bis einschließlich Gattung bzw. Untergattung auf; lediglich bei der Gattung werden der Autor und das Jahr ihrer Aufstellung angeführt. Die Kategorien bis einschließlich Gattung (Untergattung) sind natürlich gruppiert. Innerhalb der Gattung (Untergattung) sind die Arten alphabetisch geordnet.

Fortsetzung auf der 3. Umschlagseite

ISBN 978-3-211-86313-8   ISBN 978-3-7091-5745-9 (eBook)
DOI 10.1007/978-3-7091-5745-9

Klasse: Aves [1])

Bearbeitet von Gerth Rokitansky, Wien

Ordn.: Gaviiformes

Fam.: Gaviidae

Gatt.: *Gavia* Forster 1788

G. adamsii (Gray) 1859 P. zool. Soc. London, p. 167 *(Colymbus)*. — Hartert, *v.* 2, p. 1458 [2] *(Colymbus)*.
n.-holarkt. (Irrg. [3]: O [Attersee 1840 Tschusi 1894; Traunmündung 1955 Mayer et Pertlwieser 1956], N [Litschau. 1884 Seilern 1934])   O N

G. arctica arctica (Linné) 1758 Syst. Nat., ed. 10, *v.* l, p. 135 *(Colymbus)*. — Hartert, *v.* 2, p. 1459 *(Colymbus)*. — *(Urinator a.)*.
n.-eur., w.-sibir. (Dz., Wg.)   Ö

G. immer (Brünnich) 1764 Orn. bor., p. 38 *(Colymbus)*. — Hartert, *v.* 2, p. 1457 *(Colymbus)*. — *(Urinator i.* — *Colymbus glacialis* Linné 1766).
nearkt., grönl., isl., Bärenins. (selt. Dz. u. Wg.)   V S O N St B? K

G. stellata (Pontoppidan) 1763 Danske Atl., *v.* 1, p. 621 *(Colymbus Stellatus)*. — Hartert, *v.* 2, p. 1462 *(Colymbus)*. — *(Colymbus septentrionalis* Linné 1758. — *Urinator lumme* Gunnerus 1761).
zirkumpol.-n.-holarkt. (Dz., Wg.)   Ö

Ordn.: Podicipediformes

Fam.: Podicipedidae

Gatt.: *Podiceps* Latham 1787

P. auritus (Linné) 1758 Syst. Nat., ed. 10, *v.* l, p. 135 *(Colymbus)*. — Hartert, *v.* 2, p. 1450. — *(P. cornutus* Gmelin 1789. — *P. arcticus* Boie 1822).
holarkt. (Dz., Wg.)   V nT S O N St B K

P. cristatus cristatus (Linné) 1758 Syst. Nat., ed. 10, *v,* l. p. 135 *(Colymbus)*. — Hartert, *v.* 2, p. 1445.
pal. (Bv., Dz., Wg.)   V nT S O N St B K

P. griseigena griseigena (Boddaert) 1783 Tabl. Pl. Enl., p. 55 *(Colymbus)*. — Hartert, *v.* 2, p. 1448. — *(P. subcristatus* Jaquin 1784. — *P. rubricollis* Gmelin 1789).
n.-, m.-, so.-, o.-eur., w.-as. (Bv.: S [Wallersee 1955 Tratz 1960], N ? [Donauauen bei Wien Kronpr. Rudolf et Brehm 1879], B [Neusiedlersee bis 1. Hälfte 19. Jahrh.]; selt. Dz.)   V nT S N St B K

---

[1] System und Nomenklatur nach Peterson, Mountfort u. Hollom 1954.

[2] Um vielfache Wiederholung zu vermeiden, ist das Literaturzitat: Hartert, E., 1910 bis 1922. Die Vögel der paläarktischen Fauna, *v.* 1—3, wie folgt abgekürzt verwendet: Hartert, *v.* ..., p. ....

[3] Erklärung der Abkürzungen in (): Ae.: Ausnahmserscheinung; Bes.: Besucher; Bv.: Brutvogel; Dz.: Durchzügler; Inv.: Invasionsvogel; Irrg.: Irrgast; Jv.: Jahresvogel; Sg.: Sommergast; Wg.: Wintergast.

P. nigricollis nigricollis C. L. Brehm 1831 Handb. Naturg., p. 963. — Hartert, *v.* 2,
  p. 1451. — (*P. caspicus* Hablizl 1783. — *P. auritus* Marschall et Pelzeln 1882. —
  Colymbus n.).
pal. (lok. Bv.: nT ? [Lansersee 1876 Walde et Neugebauer 1936], St, B; Dz., Wg.)
                                                      V nT S O N St B K

P. ruficollis ruficollis (Pallas) 1764 in: Vroeg, Adumbr., p. 6 *(Colymbus)*. — Hartert,
  v. 2, p. 1453. — (*Colymbus fluviatilis* Tunstall 1771. — *P. minor* Gmelin 1789).
eur., n.-afr., kl.-as., kaukas. (Jv.)   Ö

Ordn.: Procellariiformes
Fam.: Procellariidae
Gatt.: *Oceanodroma* Reichenbach 1852

O. leucorrhoa leucorrhoa (Vieillot) 1817 N. Dict., n. éd., *v.* 25, p. 422 *(Procellaria)*. —
  Hartert, *v.* 2, p. 1413.
n.-atlant., n.-pazif. (Irrg.: O [Grünau am Almsee 1921 Tschusi 1923])   O

Gatt.: *Hydrobates* Boie 1822

H. pelagicus (Linné) 1758 Syst. Nat., ed. 10, *v.* 1, p. 131 *(Procellaria)*. — Hartert,
  v. 2, p. 1410. — (*Thalassidroma pelagica* Linné 1758).
no.-atlant. (Irrg.: N [Wien 1828 Marschall et Pelzeln 1882])   N

Gatt.: *Puffinus* Brisson 1760

P. kuhlii (Boie) 1835 Isis, p. 257 *(Procellaria)* (subspec. ?). — Hartert, *v.* 2, p. 1424.
  — (*P. cinereus* Hanf 1884).
o.-atlant., med. (Irrg.: St [Bruck a. d. Mur 1858 Hanf 1884])   St

P. puffinus yelkouan (Acerbi) 1827 Bibl. Ital., *v.* 47, p. 297 *(Procellaria Y.)*. — Hartert,
  v. 2, p. 1421. — (*Puffinus anglorum* Marschall et Pelzeln 1882).
med. (Irrg.: N [Wien Mitte 19. Jahrh. Marschall et Pelzeln 1882])   N

Ordn.: Pelecaniformes
Fam.: Sulidae
Gatt.: *Sula* Brisson 1760

S. bassana (Linné) 1758 Syst. Nat., ed. 10, *v.* 1, p. 133 *(Pelecanus Bassanus)*. — Hartert,
  v. 2, p. 1406 *(S. [Morus])*.
n.-atlant. (Irrg.: S [Nußdorf b. Salzburg 1949 Tratz 1949])   S

Fam.: Phalacrocoracidae
Gatt.: *Phalacrocorax* Brisson 1760

P. aristotelis desmarestii (Payraudeau) 1826 Ann. Sci. nat., s. 1, *v.* 8, p. 464 *(Carbo)*.
  — Hartert, *v.* 2, p. 1396 *(P. graculus d.)*. — (*Carbo graculus* Linné 1766).
med. (Irrg.: S [Salzburg 1957 Tratz 1957], K ? [Lavanttal 1874 Keller 1890])
                                                                              S K ?-

P. carbo sinensis (Shaw et Nodder) 1801 Natural. Misc., *v.* 13, t. 529 et Index *(Pelel
  canus)*. — Hartert, *v.* 2, p. 1390. — Hartert et Steinbacher 1932—1938) Vöge
  pal. Fauna, suppl., p. 442. — (*Carbo cormoranus* Keller 1890. — *Graculus carbo*).
m.-, s.-, so.-eur., med., s.-, m.-as. (lok. Bv.: O [Donauauen b. Linz], N [Donau- u. March-
  auen]; Dz.)   V nT S O N St B K

P. pygmaeus (Pallas) 1773 Reise Ruß., *v.* 2, p. 712 *(Pelecanus)*. — Hartert, *v.* 2,
  p. 1396. — *(Carbo p.)*.
so.-eur., sw.-as. (Irrg.: O [Ebelsberg b. Linz 1933 Bauer et Rokitansky 1951], St
[Radkersburg Bauer et Rokitansky 1951, Mariahof 1920 Tratz 1921], B [Neu-
siedlersee Zimmermann 1944], K [Lavamünd 1889 Keller 1890])   O St B K

Fam.: Pelecanidae

Gatt.: *Pelecanus* Linné 1758

P. onocrotalus onocrotalus Linné 1758 Syst. Nat., ed. 10, *v.* 1, p. 132. — Hartert,
v. 2, p. 1402.
so.-eur., sw.-as., z.-afr. (Irrg.: z. T. wohl aus Tiergärten entkommen)   O   N   B   K

Ordn.: Ciconiiformes
Fam.: Ardeidae

Gatt.: *Ardea* Linné 1758

A. cinerea cinerea Linné 1758 Syst. Nat., ed. 10, *v.* 1, p. 143. — Hartert, *v.* 2, p. 1229.
eur., v.-as., afr. (diskont.) (lok. Bv.: S ?, O, N, St, B, K; Dz.)   Ö

A. purpurea Linné 1766 Syst. Nat., ed. 12, *v.* 1, p. 236. — Hartert, *v.* 2, p. 1232.
m.-eur. (lok.), s.-eur., sw.-as. (Bv.: V ? [Fussacher Ried 1959 Willi 1961], St [St. Marein
b. Kindberg 1890 Schaller 1891], B [Neusiedlersee]; Dz.)   Ö

Gatt.: *Egretta* Forster 1817

E. garzetta garzetta (Linné) 1766 Syst. Nat., ed. 12, *v.* 1, p. 237 *(Ardea).* — Hartert,
v. 2, p. 1239.
s.-eur., s.-, z.-as., orient., afr., madag. (Ae.: S, O, N, St, K, oT; Bes.: B [Neusiedlersee])
   S   O   N   St   B   K   oT

Gatt.: *Casmerodius* Gloger 1842

C. albus albus (Linné) 1758 Syst. Nat., ed. 10, *v.* 1, p. 144 *(Ardea).* — Hartert, *v.* 2,
p. 1236 *(Egretta alba alba).* — *(Ardea egretta* Bechstein 1793. — *Herodias a.).*
so.-eur., w.-, n.-as., n.-chin., n.-jap. (Bv: B [Neusiedlersee]; selt. Bes.: S, O, N, St, K)
   S   O   N   St   B   K

Gatt.: *Ardeola* Boie 1822

A. ralloides (Scopoli) 1769 Annus I. hist. nat., p. 88 *(Ardea).* — Hartert, *v.* 2, p. 1246.
— *(Ardea comata* Pallas 1773. — *Buphus r.).*
s.-eur., n.-, o.-pers., s.-transkasp., turkest., afr., madag. (Bes.)
   V   nT   S   O   N   St   B   K

Gatt.: *Nycticorax* Forster 1817

N. nycticorax (Linné) 1758 Syst. Nat., ed. 10, *v.* 1, p. 142 *(Ardea).* — Hartert, *v.* 2,
p. 1252. — *(N. griseus* Linné 1766).
m.-eur. (sporad.), s.-, so.-eur., z.-, s.-as., jap., sund., philipp., afr., madag. (Bv.: O [Donau-
au b. Wels Tschusi 1915], N [March u. Thaya], B [Neusiedlersee]; Dz.)
   V   nT   S   O   N   St   B   K

Gatt.: *Ixobrychus* Billberg 1828

I. minutus (Linné) 1766 Syst. Nat., ed. 12, *v.* 1, p. 240 *(Ardea).* — Hartert, *v.* 2, p. 1257
— *(Ardetta m.* — *Ardeola m.).*
m.-, s.-eur., w.-sibir., kl.-as., nw.-ind., n.-afr. (Bv.)   V   nT   S   O   N   St   B   K

Gatt.: *Botaurus* Stephens 1819

B. stellaris stellaris (Linné) 1758 Syst. Nat., ed. 10, *v.* 1, p. 144 *(Ardea).* — Hartert,
v. 2, p. 1262.
pal. (Bv.: V, nT ?, B [Neusiedlersee], K ?; Dz.)   Ö

Fam.: Ciconiidae

Gatt.: *Ciconia* Brisson 1760

C. ciconia ciconia (Linné) 1758 Syst. Nat., ed. 10, *v.* 1, p. 142 *(Ardea).* — Hartert,
v. 2, p. 1214. — *(C. alba* Bechstein 1793).
pal. (Bv.: V [olim], S [olim], O, N, sSt, B, K [Spittal 1951 Defner 1953/54]; Dz.)   Ö

C. nigra nigra (Linné) 1758 Syst. Nat., ed. 10, *v.* 1, p. 142 *(Ardea).* — Hartert, *v.* 2,
p. 1215.
pal. (zerstr.), s.-afr. (lok. Bv.: O, N, B; selt. Dz.)   V   nT   O   N   St   B   K   oT

Fam.: Plataleidae

Gatt.: *Platalea* Linné 1758

P. leucorodia leucorodia Linné 1758 Syst. Nat., ed. 10, *v.* 1, p. 139. — Hartert, *v.* 2,
     p. 1217.
pal.(zerstr.) (Bv.: B [Neusiedlersee]; Ae.: N, St, K)   N   St B K

Gatt.: *Plegadis* Kaup 1829

P. falcinellus falcinellus (Linné) 1766 Syst. Nat., ed. 12, *v.* 1, p. 241 *(Tantalus)*. —
     Hartert, *v.* 2, p. 1220. — *(P. autumnalis* Hasselquist 1762. — *Falcinellus igneus*
     S. G. Gmelin 1770. — *Ibis f.).*
sw.-pal., ind., afr., madag., so.-nearkt. (Bv.: B [Neusiedlersee bis 1933]; sonst Ae.)   Ö

Gatt.: *Geronticus* Wagler 1833

G. eremita (Linné) 1758 Syst. Nat., ed. 10, *v.* 1, p. 118 *(Upupa)*. — Hartert, *v.* 2,
     p. 1222 *(Comatibis)*.
s.-eur.+, mesopot., nw.-afr., abess. (xerothermophil, petrophil) (Bv.: T ? +, S + [Ende
16. Jahrh.], St + [Ende 16. Jahrh.])   T ? +   S +   St +

Ordn.: Phoenicopteriformes

Fam.: Phoenicopteridae

Gatt.: *Phoenicopterus* Linné 1758

P. ruber roseus Pallas 1827 Zoogr. Rosso-Asiat., *v.* 2, p. 207. — Hartert, *v.* 2, p. 1266
     (P. ruber antiquorum).
sw.-eur. (Camargue, s.-span.), as., afr. (Irrg.: O [Obermühl 1915 Bauer et Rokitansky
1951])   O

Ordn.: Anseriformes

Fam.: Anatidae

Gatt.: *Anas* Linné 1758

A. acuta acuta Linné 1758 Syst. Nat., ed. 10, *v.* 1, p. 126. — Hartert, *v.* 2, p. 1325. —
     (Dafila a.).
pal. (Bv.: B [Neusiedlersee]; Dz.)   V nT S O N St B K
A. crecca crecca Linné 1758 Syst. Nat., ed. 10, *v.* 1, p. 125. — Hartert, *v.* 2, p. 1314. —
     (Querquedula c.).
pal. (Bv.: V, S, O, N, St, B ?; Dz.)   Ö
A. falcata Georgi 1775 Bemerk. Reise Ruß., *v.* 1, p. 167. — Hartert, *v.* 2, p. 1324.
o.-sib. (Irrg.: B [Apetlon 1839 Zimmermann 1944])   B
A. penelope Linné 1758 Syst. Nat., ed. 10, *v.* 1, p. 126. — Hartert, *v.* 2, p. 1321. —
     (Mareca p.).
n.-pal. (Dz.)   Ö
A. platyrhynchos platyrhynchos Linné 1758 Syst. Nat., ed. 10, *v.* 1, p. 125. — Hartert,
     v. 2, p. 1308 *(A. platyrhyncha platyrhyncha)*. — *(A. boschas* Linné 1758).
euras., nearkt. (Jv.)   Ö
A. querquedula Linné 1758 Syst. Nat., ed. 10, *v.* 1, p. 126. — Hartert, *v.* 2, p. 1318. —
     (Querquedula circia Linné 1766. — *Pterocyanea c.)*.
pal. (Bv.: V [Fussacher Ried 1960 Willi 1961], S, O, N, St, B, K; Dz.)   Ö
A. strepera Linné 1758 Syst. Nat., ed. 10, *v.* 1, p. 125. — Hartert, *v.* 2, p. 1320. —
     (Chaulelasmus s.).
holarkt. (Bv.: N, B; Dz.)   V nT S O N St B K

Gatt.: *Spatula* Boie 1822

S. clypeata (Linné) 1758 Syst. Nat., ed. 10, *v.* 1, p. 124 *(Anas)*. — Hartert, *v.* 2, p. 1328
     — *(Rhynchapsis c.)*.
holarkt. (Bv.: V [Fussacher Ried 1960 Willi 1961], N, B; Dz.)   Ö

Gatt.: *Aix* Boie 1828

A. sponsa (Linné) 1758 Syst. Nat., ed. 10, *v.* 1, p. 128 *(Anas).* — Ridgway 1896 Man.
    N. Amer. B., p. 99.
nearkt. („Irrg.", zweifellos nur aus Tiergärten entkommen: O [Gmundener See 1890],
N [Wien 1870, 1890, 1896], St [Frohnleiten 1890], K [1874])   O N St K

Gatt.: *Netta* Kaup 1829

N. rufina (Pallas) 1773 Reise Ruß., *v.* 2, p. 713 *(Anas.)* — Hartert, *v.* 2, p.1333. —
    (Fuligula r. — Branta r.).
m.-, s.-eur., m.-as., nw.-afr. (Bv.: V [Bodensee]; selt. Dz.) V nT S O N B K

Gatt.: *Aythya* Boie 1862

A. ferina (Linné) 1758 Syst. Nat., ed. 10, *v.* 1, p. 126 *(Anas).* — Hartert, *v.* 2, p. 1336
    (Nyroca f.) — *(Fuligula f.).*
n.-eur., n.-as. (Bv.: O [Obernberg 1960 Grims 1960], N, B [Seewinkel Howorka
1959]; Dz. u. Wg.)   V nT S O N St B K

A. fuligula fuligula (Linné) 1758 Syst. Nat., ed. 1, *v.* 1, p. 128 *(Anas).* — Hartert,
    v. 2, p. 1340 *(Nyroca).* — *(Fuligula cristata* Leach 1816).
n.-pal. (Bv.: O [Obernberg 1960 Grims 1960]; Dz., Wg.) V nT S O N St B K

A. marila marila (Linné) 1761 Fauna Svec., ed. 2, p. 39 *(Anas).* — Hartert, *v.* 2,
    p. 1342 *(Nyroca).* — *(Fuligula m.).*
n.-pal. (Dz., Wg.)   V nT S O N St B K

A. nyroca nyroca (Güldenstädt) 1769 N. Commentar Ac. Petrop., *v.* 14, I, p. 403
    (Anas). — Hartert, *v.* 2, p. 1338 *(Nyroca).* — *(Anas leucophthalma* Borkhausen
    1797).
w.-pal. (Bv.: B [Neusiedlersee]; Dz.)   V nT S O N St B K

Gatt.: *Bucephala* Baird 1858

B. clangula clangula (Linné) 1758 Syst. Nat., ed. 10, *v.* 1, p. 125 *(Anas).* — Hartert,
    v. 2, p. 1346. — *(Clangula glaucion* C. L. Brehm 1831. — *Fuligula c.).*
n.-eur., n.-as. (Dz., Wg.)   Ö

Gatt.: *Clangula* Leach 1819

C. hyemalis (Linné) 1758 Syst. Nat., ed. 10, *v.* 1, p. 126 *(Anas).* — Hartert, *v.* 2,
    p. 1351. — *(Harelda glacialis* Leach 1816).
n.-holarkt. (selt. Wg.)   V S O N St B K

Gatt.: *Melanitta* Boie 1822

M. fusca fusca (Linné) 1758 Syst. Nat., ed. 10, *v.* 1, p. 123 *(Anas).* — Hartert, *v.* 2,
    p. 1355 *(Oidemia).*
n.-eur., w.-sibir. (selt. Wg.)   V nT S O N St B K

M. nigra nigra (Linné 1758 Syst. Nat., ed. 10, *v.* 1, p. 123 *(Anas).* — Hartert, *v.* 2,
    p. 1358 *(Oidemia).*
n.-eur., isl., n.-sibir., Spitzbergen, Bärenins. (selt. Wg.)   V nT O N B K

Gatt.: *Somateria* Leach 1819

S. mollissima mollissima (Linné) 1758 Syst. Nat., ed. 10, *v.* 1, p. 124 *(Anas).* — Hartert,
    v. 2, p. 1367.
n.-eur., n.-as., s.-o.-grönl., isl. (Ae.)   V S O N St B K

S. spectabilis (Linné) 1758 Syst. Nat., ed 10, *v.* 1, p. 123 *(Anas).* — Hartert, *v.* 2,
    p. 1371.
arkt. (Irrg.: St ? [Lannach 1884 Anonymus 1884])   St ?

Gatt.: *Oxyura* Bonaparte 1828

O. leucocephala (Scopoli) 1769 Annus I. hist. nat., p. 65 *(Anas).* — Hartert, *v.* 2,
    p. 1373.
sw.-pal. (zerstr.) (Ae.: V [Bau 1907], B [Neusiedlersee])   V B

Gatt.: *Mergus* Linné 1758

M. albellus Linné 1758 Syst. Nat., ed. 10, *v.* 1, p. 129. — Hartert, *v.* 2, p. 1381. —
  (Mergellus a.).
n.-pal. (Wg.)   V nT S O N St B K

M. merganser merganser Linné 1758 Syst. Nat., ed. 10, *v.* 1, p. 129. — Hartert, *v.* 2,
  p. 1376. — *(Merganser castor* Linné 1766).
pal. (Bv.: nT ? [Lechtal]; Wg.)   V nT S O N St B K

M. serrator Linné 1758 Syst. Nat., ed. 10, *v.* 1, p. 129. — Hartert, *v.* 2, p. 1379. —
  (Merganser s.).
n.-holarkt. (Dz., Wg.)   V nT S O N St B K

Gatt.: *Tadorna* Fleming 1812

T. tadorna (Linné) 1758 Syst. Nat., ed. 10, *v.* 1, p. 122 *(Anas).* — Hartert, *v.* 2, p. 1302.
  — *(T. cornuta* Gmelin 1774).
pal. (Ae.: V [Keller 1890], nT [Jenbach, Oberinntal Walde et Neugebauer 1936],
O [Mauthausen Bauer et Rokitansky 1951], St [Wildon 1887 Washington 1887],
B [Gols fide Bauer])   V nT O St B

Gatt.: *Casarca* Bonaparte 1838

C. ferruginea (Pallas) 1764 in: Vroeg, Adumbr., p. 5 *(Anas).* — Hartert, *v.* 2, p. 1304.
s.-pal. (Ae.: V [Altach 1961 Fend 1961], O [Pucking 1906 Tschusi 1915], B [Neu-
siedlersee 1962 Aumüller et Triebl 1963])   V O B

Gatt.: *Anser* Brisson 1760

A. albifrons albifrons (Scopoli) 1769 Annus I. hist. nat., p. 69 *(Branta).* — Hartert,
  v. 2, p. 1280.
n.-pal. (von Kanin ostwärts) (Wg.: B [Neusiedlersee]; Dz.)   V O N St B K

A. anser anser (Linné) 1758 Syst. Nat., ed. 10, *v.* 1, p. 123 *(Anas).* — Hartert, *v.* 2,
  p. 1278. — *(A. cinereus* Mayer 1810).
pal. (Dz.)   V nT S O N St B K

A. a. rubrirostris Swinhoe 1871 P. zool. Soc. London, p. 416. — Witherby 1947 Handb.
  Brit. Birds, *v.* 3, p. 186.
so.-eur., sibir. (Bv.: N, B [Neusiedlersee])   N B

A. erythropus (Linné) 1758 Syst. Nat., ed. 10, *v.* 1, p. 123 *(Anas).* — Hartert, *v.* 2,
  p. 1282. — *(A. brevirostris* C. L. Brehm 1830).
n.-pal. (selt. Dz.)   O N B

A. fabalis fabalis (Latham) 1787 Gen. Synopsis, suppl., *v.* 1, p. 297 *(Anas).* — Hartert,
  v. 2, p. 1283. — *(A. arvensis* C. L. Brehm 1831. — *A. segetum* Gmelin 1789).
n.-eur. (Wg.: B [Neusiedlersee]; Dz.)   Ö

A. f. rossicus Buturlin 1933 Opredel. promysl. ptiz (Bestimmungsb. jagdb. Vög.),
  p. 60 *(Melanonyx serrirostris r.).* — Hartert et Steinbacher 1932—1938 Vög.
  pal. Fauna, suppl., p. 433 *(A. f. serrirostris).*
nw.-sibir. (Wg.: B [Neusiedlersee]; Dz.: O [Bernhauer, Firbas et Steinparz 1957])
                                                 O B

Gatt.: *Branta* Scopoli 1769

B. bernicla bernicla (Linné) 1758 Syst. Nat., ed. 10, *v.* 1, p. 124 *(Anas).* — Hartert,
  v. 2, p. 1293. — *(B. brenta* Marschall et Pelzeln 1882. — *B. torquata* Keller
  1890).
n.-pal. (selt. Dz.)   V O N St B K

B. leucopsis (Bechstein) 1803 Orn. Taschenb., *v.* 2, p. 424 *(Anas).* — Hartert, *v.* 2,
  p. 1296.
grönl., Spitzbergen, Kolgujew, Nowaja Semlja (Ae.: V ?, O [Mitterkirchen 1907 u. Linz
1911 Tschusi 1915], B [Neusiedlersee Bauer et Rokitansky 1951, Lange Lacke 1961
Steiner 1962])
                                                 V? O B

B. ruficollis (Pallas) 1769 Spicil. zool., v. 6, p. 21 *(Anas)*. — Hartert, v. 2, p. 1298.
Yalmal, w.-sibir., Bogonida, Jenessei (Irrg.: B [Apetlon 1925 od. 1927, St. Andrä 1925
Zimmermann 1944, Golser Lacke 1961 Steiner 1962])   B

Gatt.: *Cygnus* Bechstein 1803

C. bewickii Yarell 1830 Tr. Linn. Soc. London, v. 16, p. 453. — Hartert, v. 2, p. 1272.
n.-eurosibir. (Ae.: O? [Ebelsberg Tschusi 1915])   O?

C. cygnus cygnus (Linné) 1758 Syst. Nat., ed. 10, v. 1, p. 122 *(Anas)*. — Hartert,
    v. 2, p. 1270. — (*C. musicus* Bechstein 1809).
n.-pal. (selt. Dz.)   V nT O N St B K

C. olor (Gmelin) 1788 Syst. Nat., ed. 13, v. 1, p. 501 *(Anas)*. — Hartert, v. 2, p. 1274.
pal. (Bv., halbdomestiziert; selt. Dz.)   Ö

Ordn.: Falconiformes

Fam.: Cathartidae

Gatt.: *Vultur* Linné 1758

V. gryphus Linné 1758 Syst. Nat., ed. 10, v. 1, p. 83.
w.-neotrop. (Anden) („Irrg.":nT [St. Anton am Arlberg 1900 Girtanner 1901, vermutl.
entk. Stück a. d. Zoolog. Gart. Marseille]).   nT

Fam.: Aegypiidae

Gatt.: *Neophron* Savigny 1809

N. percnopterus percnopterus (Linné) 1758 Syst. Nat., ed. 10, v, 1, p. 87 *(Vultur)*. —
    Hartert, v. 2, p. 1200.
sw.-pal., nw.-ind., afr. (Ae.: nT [Oberinntal 1954 Psenner 1960], N [Mistelbach 1888
Bauer et Rokitansky 1951], K [Karnische Alp. 1880, Zollnergebiet 1884, Moos-
kofel 1884 Keller 1890])   nT N K

Gatt.: *Gyps* Savigny 1809

G. fulvus fulvus (Hablizl) 1783 N. Nord. Beytr., v. 4, p. 58 *(Vultur)*. — Hartert,
    v. 2, p. 1204.
s.-eur., med., sw.-as., n.-afr. (Bv.: S? [1. Hälfte 19. Jahrh. angebl. Fuscherkarkop
Hinterberger 1854]; Ae.: V [Bregenzer Wald 1894 Bau 1906], O, N, St, B; Sg.:
S, K, oT; Bes.: nT)   Ö

Gatt.: *Aegypius* Savigny 1809

A. monachus (Linné) 1766 Syst. Nat., ed. 12, v. 1, p. 122 *(Vultur)*. — Hartert, v. 2
    p. 1208.
s.-pal. (Bv.: K? [Gailtaler Alpen 1883 Keller 1890]; Ae.: nT? [St. Sigmund im Sellrain
Walde et Neugebauer 1936], S [Adnet b. Hallein 1886 u. Stubachtal 1897 Tschusi
1898, Saalfelden Tratz 1950], O [Reichesberg 1836 u. Kammer 1824 Tschusi 1914],
K [Koralpe 1887 Keller 1890], oT? [Prägarten Kühtreiber 1952])   nT? S O K oT?

Gatt.: *Gypaëtus* Storr 1781

G. barbatus aureus (Hablizl) 1783 N. Nord. Beytr., v. 4, p. 64 *(Vultura)*. — Hartert,
    v. 2, p. 1196 *(G. b. grandis)*. — Hartert et Steinbacher 1932—1938 Vög. pal.
    Fauna, suppl., p. 424.
s.-eur., med., sw.-as. (Bv.: V +, nT + [1867], S [zul. Tennengeb. 1852], O + (zul. Röll-
berg 1835], K + [zul. Wolajasee 1880]; Ae.: N [Wien 1700 Tratz 1920])   V + nT + S[4] O + N + K +

---

[4] Seit 1928 wieder in S (Böcksteingebiet) auftretend, vielleicht sogar als Bv.

Fam.: Falconidae

Gatt.: *Aquila* Brisson 1760

A. chrysaëtos chrysaëtos (Linné) 1758 Syst. Nat., ed. 10, *v.* 1, p. 88 *(Falco)*. — Hartert,
  v. 2, p. 1089.
n.-eur., w.-sibir. (selt. Dz.)   Ö

A. ch. fulva (Linné) 1758 Syst. Nat., ed. 10, *v.* 1, p. 88 *(Falco f.)*. — Hartert et Steinbacher 1932—1938 Vög. pal. Fauna, suppl., p. 407. — Niethammer 1938 Handb.
  Vog.-Kunde, *v.* 2, p. 173.
schottl., pyren., s.-franz., alp., apenn., sard., balk., karp., kl.-as., n.-iran. (alpin) (Jv.)
                                              V   nT S   O   N   St K   oT

A. clanga Pallas 1811 Zoogr. Rosso-Asiat., *v.* 1, p. 351. — Hartert, *v.* 2, p. 1101
  (*A. maculata* Gmelin 1788).
o.-eur., sibir., nw.-ind. (Sg.: B; selt. Dz.)   V   nT S   O   N   St B

A. heliaca heliaca Savigny 1809 Descr. Égypte, Syst. Ois., p. 82. — Hartert, *v.* 2,
  p. 1092. — (*A. melanaëtos* Linné 1758. — *A. imperialis* Bechstein 1812).
so.-eur., w.-, z.-as., nw.-ind., chin. (Bv.: N [Donauauen b. Wien bis 1811]; Sg.: B [Bauer
1952]; Ae.: S [Wallersee 1955 Tratz 1960], St [Lebring 1881 Mojsisovic 1894, Pöllau
1962 Kepka 1963], K, oT [Kreuzkofelgruppe? u. Lienz 1898 Kühtreiber 1952])
                                                        S   N   St B   oT

A. pomarina C. L. Brehm 1831 Handb. Naturg., p. 27. — Hartert, *v.* 2, p. 1105. —
  (*A. maculata* Eder 1908. — *A. naevia* auct.).
o.-eur., kl.-as., kaukas. (Bv.: O? [Tschusi 1915], B?; Dz.)   V   nT S   O   N   B   K

Gatt.: *Hieraaëtus* Kaup 1844

H. fasciatus fasciatus (Vieillot) 1822 Mém. Soc. Linn. Paris, *v.* 2, p. 152 *(Aquila)*. —
  Hartert, *v.* 2, p. 1110.
s.-eur., med., nw.-afr., kl.-as., pers., turkest., chin., ind. (Ae.: S [Hohe Tauern 1955
u. 1956 Bezzel et Remold 1958], K [Großglockner 1954 Bauer 1955])   S   K

H. pennatus pennatus (Gmelin) 1788 Syst. Nat. ed. 13, *v.* 1, p. 272 *(Falco)*. — Hartert,
  v. 2, p. 1111. — *(Aquila p.)*.
sw.-, so.-eur., sw.-, z.-as., n.-afr. (selt. Bv.: N [Wiener Wald], K Straßburg 1951 Bauer
1955); Ae.: nT [Kiefersfelden Prenn 1931], S [Ausobsky 1961] St, B, K)
                                              nT S   N   St B   K

Gatt.: *Buteo* Lacépède 1799

B. buteo buteo (Linné) 1758 Syst. Nat., ed. 10, *v.* 1, p. 90 *(Falco)*. — Hartert, *v.* 2,
  p. 1120. — (*B. vulgaris* Leach 1816).
eur. (Jv.)   Ö

B. b. vulpinus (Gloger) 1833 Abänd. Vög. Einfl. Klimas, p. 141 *(Falco)*. — Hartert,
  v. 2, p. 1124 (*B. b. zimmermannae* Ehmke 1893). — Hartert et Steinbacher
  1932—1938 Vög. pal. Fauna, suppl., p. 412. — (*B. desertorum* auct.).
o.-eur. (selt. Dz.)   nT N   St B   K

B. lagopus lagopus (Pontoppidan) 1763 Danske Atl., p. 616 *(Falco)*. — Hartert,
  v. 2, p. 1128. — *(Archibuteo l.)*.
n.-eur. (Wg.)   Ö

B. rufinus rufinus (Cretzschmar) 1826 in: Rüppell, Atl. Reise Afr., p. 40 *(Falco)*. —
  Hartert, *v.* 2, p. 1115 (*B. ferox f.* Gmelin 1770).
s.-pal. (Ae.: nT [Inntal 1891 Lazarini 1891], S [Adnet 1914 Tschusi 1914], O [Attersee
1882 Tschusi 1914]; selt. Bes.: N, B)   nT S   O   N   B

Gatt.: *Accipiter* Brisson 1760

A. gentilis gentilis (Linné) 1758 Syst. Nat., ed. 10, *v.* 1, p. 89 *(Falco)*. — Hartert,
  v. 2, p. 1146. — (*Astur palumbarius* Linné 1758).
n.-eur. (Wg.)   Ö

A. g. gallinarum C. L. Brehm 1827 Ornis, *v.* 3, p. 2 *(Falco)*. — Hartert, *v.* 3, p. 2205.
m.-eur. (Jv.)   Ö

A. nisus nisus (Linné) 1758 Syst. Nat., ed. 10, *v.* 1, p. 92 *(Falco)*. — Hartert, *v.* 2,
  p. 1151.
eur., vord.-as. (Jv.)   Ö

A. n. peregrinoides Kleinschmidt 1921 in: Grote, A. d. orn. Literatur Rußl., fasc. 3,
  p. 56.
russ., w.-sibir. (sporad. Dz.)   Ö

Gatt.: *Milvus* Lacépède 1799

M. migrans migrans (Boddaert) 1783 Tabl. Pl. Enl., p. 28 *(Falco)*. — Hartert, *v.* 2,
  p. 1169. — (*M. korschun* Gmelin 1770. — *M. ater* Gmelin 1788. — *M. niger*
  Bonaparte 1883).
eur., kl.-as., w.-turkest., kaukas., iran., afghan., nw.-afr. (Bv.: N [Donau-, March- u.
Leithaauen])   Ö

M. milvus milvus (Linné) 1758 Syst. Nat., ed. 10, *v.* 1, p. 89 *(Falco)*. — Hartert, *v.* 2,
  p. 1167. — (*M. regalis* Roux 1825).
eur., kl.-as., nw.-afr. (Bv.: N, K? [Missaria-Alpe bei Mauthen 1884 Keller 1890];
sonst Dz.)   V nT S O N St B K?

Gatt.: *Haliaeëtus* Savigny 1809

H. albicilla albicilla (Linné) 1758 Syst. Nat., ed. 10, *v.* 1, p. 89 *(Falco)*. — Hartert,
  v. 2, p. 1176.
pal. (sehr selt. Bv.: S [Kammersee 1842 Brittinger 1866], N [Donauauen]; selt. Bes.:
V, nT, St, K; Wg.: O, N, B)   V nT S O N St B K

Gatt.: *Pernis* Cuvier 1817

P. apivorus apivorus (Linné) 1758 Syst. Nat., ed. 10, *v.* 1, p. 91 *(Falco)*. — Hartert,
  v. 2, p. 1181.
eur., kaukas., w.-sibir. (Bv.)   Ö

Gatt.: *Circus* Lacépède 1799

C. aeruginosus aeruginosus (Linné) 1758 Syst. Nat., ed. 10, *v.* 1, p. 91 *(Falco)*. — Hartert
  v. 2, p. 1135. — (*Falco rufus* Gmelin 1788).   ,
eurosibir., med., n.-kl.-as., kaukas., pers., turkest. (Bv.: V, S [Wallersee 1952 Ausobsky
1963], N?, B [Neusiedlersee]; Dz.)   V nT S O N St B K

C. cyaneus cyaneus (Linné) 1766 Syst. Nat., ed. 12, *v.* 1, p. 126 *(Falco)*. — Hartert,
  v. 2, p. 1139. — (*Falco pygargus* Hanf 1883. — *Strigiceps c.*).
pal. (Jv.: N, B; Dz.)   Ö

C. macrourus (Gmelin) 1771 N. Commentar Ac. Petrop., *v.* 15 (1770), p. 439 *(Accipiter)*.
  — Hartert, *v.* 2, p. 1142. — (*C. pallidus* Sykes 1832).
o.-eur., sw.-sibir. (Bv.?: B [Bauer 1956]; selt. Dz.: O, N, B; Ae.: St, K)
                                                   O N St B K

C. pygargus (Linné) 1758 Syst. Nat., ed. 10, *v.* 1, p. 89 *(Falco)*. — Hartert, *v.* 2, p. 1143.
  — (*C. cineraceus* Montagu 1802. — *Strigiceps cinerascens* Stephens 1825).
w.-pal. (Bv.: N, B; Dz.)   V nT S O N St B K

Gatt.: *Circaëtus* Vieillot 1816

C. gallicus gallicus (Gmelin) 1788 Syst. Nat., ed. 13, *v.* 1, p. 259 *(Falco)*. — Hartert,
  v. 2, p. 1189.
s.-, so.-, o.-eur., sw.-as., n.-afr. (Ae.)   V nT S O N St B K

Gatt.: *Pandion* Savigny 1809

P. haliaëtus haliaëtus (Linné) 1758 Syst. Nat., ed. 10, *v.* 1, p. 91 *(Falco)*. — Hartert,
  v. 2, p. 1191.
pal. (Bv.: O [Offensee, zul. 1930]; Dz.)   V nT S O N St B K

Gatt.: Milvago Spix 1824

M. chimango (Vieillot) 1816 N. Dict., n. éd., v. 5, p. 260 (Polyborus).
s.-am. („Irrg.": N [Brunn a. Geb. 1903 Tschusi 1904, verm. aus Gefangensch. entkommen])   N

Gatt.: Falco Linné 1758

F. cherrug danubialis Kleinschmidt 1939 Falco, v. 35, p. 27. — (F. sacer Gmelin 1788. — F. lanarius Pallas 1827). [5]
o.-, so.-eur. (selt. Bv.: N; Ae.: V, O, St, K; Bes. [Bv?]: B)   V O N St B K

F. columbarius aesalon Tunstall 1771 Orn. Brit., p. 1. — Hartert, v. 2, p. 1074 (F. c. regulus). — (F. regulus Pallas 1773. — Hypotriorchis a.).
n.-eur. (Wg.)   V nT S O N St B K

F. naumanni naumanni Fleischer 1818 Sylva, Jahrb. Forstm. usw., p. 174. — Hartert, v. 2, p. 1080. — (F. tinnunculoides Temminck 1820. — Tinnunculus cenchris Tschusi 1877. — Cerchneis c.).
s.-eur., med., kl.-as., pers. (Bv.: nT [Brixlegg (err.) Handel-Mazetti 1955], sSt, B, sK; Ae.: V, S, N)   V nT(err.) S N St B K

F. pelegrinoides Temminck [6] 1829 Pl. color., t. 479. — Hartert, v. 2, p. 1051 (F. peregrinus p.).
sw.-as., n.-afr. (Irrg.: N? [Lilienfelder Gebiet Neweklovsky 1877])   N

F. peregrinus peregrinus Tunstall 1771 Orn. Brit., p. 2. — Hartert, v. 2, p. 1043. — (F. p. germanicus Erlanger 1903) [7].
n.-pal. (Jv.)   Ö

F. p. calidus Latham 1790 Index orn., v. 1, p. 41. — Hartert, v. 2, p. 1046. — (F. p. leucogenys C. L. Brehm 1854).
n.-euras. (selt. Dz.)   Ö

F. rusticolus candicans Gmelin 1788 Syst. Nat., ed. 13, v. 1, p. 275. — Hartert, v. 2, p. 1064.
n.-grönl. (Irrg.: St [Ob. Murtal b. Frojach 1960 Hable 1960])   St

F. rusticolus islandus Brünnich 1764 Orn. bor., p. 2. — Hartert, v. 2, p. 1066.
isl., s.-grönl. (Irrg.: N [Marchfeld 1885 Glück 1896, Wien Finger 1857])   N

F. subbuteo subbuteo Linné 1758 Syst. Nat., ed. 10, v. 1, p. 89. — Hartert, v. 2, p. 1071. — (Hypotriorchis s.).
pal. (Bv.: V, nT?, S, O, N, St, B, K, oT; Dz.)   Ö

F. tinnunculus tinnunculus Linné 1758 Syst. Nat., ed. 10, v. 1, p. 90. — Hartert, v. 2, p. 1082. — (Tinnunculus alaudarius Tschusi 1877. — Cerchneis t.).
pal. (Jv.)   Ö

F. vespertinus vespertinus Linné 1766 Syst. Nat., ed 12, v. 1, p. 129. — Hartert, v. 2, p. 1078. — (F. rufipes Beseke 1792. — Erythropus v. — Tinnunculus v.).
o.-, so.- eur., w.-sibir., n.-kl.-as., kaukas. (selt. Bv.: O, N?, St, B, K; Dz.)   Ö

Ordn.: Galliformes

Fam.: Tetraonidae

Gatt.: Lagopus Brisson 1760

L. mutus helveticus (Thienemann) 1829 Fortpfl. Vög. Eur., Abt. 3, p. 95 (Tetrao). — Hartert, v. 3, p. 1867. — (L. alpinus Nilsson 1817).
alp. (alpin) (Jv.)   V nT S O N St K oT

---

[5] Das von Bauer u. Rokitansky 1952 angeführte Vorkommen von F. c. saceroides Menzbier 1907 ist hinfällig, da es sich bei den dieser Rasse zugeordneten Belegstücken nur um individuelle Färbungsvarianten von danubialis handelt (Bauer 1955).

[6] Diese von Bauer u. Rokitansky 1952 noch als Rasse von F. peregrinus aufgeführte Form ist nach neuesten Untersuchungen als selbständige Art aufzufassen (Vaurie 1961, Am. Mus. Nov., No. 2035).

[7] Die Validität dieser von Bauer u. Rokitansky 1952 aufgeführten Rasse wird neuerdings von Vaurie 1961, l. c., nicht mehr anerkannt.

Gatt.: *Lyrurus* Swainsson 1832

L. tetrix tetrix (Linné) 1758 Syst. Nat., ed. 10, *v.* 1, p. 159 *(Tetrao).* — Hartert, *v.* 3,
   p. 1872.
eur., n.-sibir. (Jv.)   Ö

Gatt.: *Tetrao* Linné 1758

T. urogallus major C. L. Brehm[8] 1831 Handb. Naturg., p. 503. — Niethammer
   1942 Handb. d. Vog.-Kunde, *v.* 3, p. 507.
m.-eur. (Jv.)   Ö

Gatt.: *Tetrastes* Kayserling et Blasius 1840

T. bonasia styriacus Jordans et Schiebel 1944 Falco, *v.* 40, p. 1. — Bauer 1960 Bonn.
   Zool. Beitr., *v.* 11, p. 14.
alp. (Jv.)   Ö

Fam.: Phasianidae

Gatt.: *Alèctoris* Kaup 1829

A. graeca saxatilis (Meyer) 1805 in: Wolf et Meyer, Naturg. Vög. Deutschl., *v.* 1,
   p. 86 *(Perdix).* — Hartert, *v.* 3, p. 1904.
alp. (lok.), balk. (xerothermophil, montan) (selt. Jv.) V nT S O? N? St K oT

Gatt.: *Perdix* Brisson 1760

P. perdix perdix (Linné) 1758 Syst. Nat., ed. 10, *v.* 1, p. 160 *(Tetrao).* — Hartert,
   v. 3, p. 1929. — (*Starna cinerea* Latham 1790).
m.-eur. (Jv.)   Ö

Gatt.: *Coturnix* Bonatèrre 1791

C. coturnix coturnix (Linné) 1758 Syst. Nat., ed. 10, *v.* 1, p. 161 *(Tetrao).* — Hartert,
   v. 3, p. 1938. — (*C. communis* Bonatèrre 1791. — *C. dactylisonans* Meyer 1815. —
   Ortygion c.).
eur., w.-as., n.-afr. (Bv.)   Ö

Gatt.: *Phasianus* Linné 1758

P. colchicus colchicus Linné[9] 1758 Syst. Nat., ed. 10, *v.* 1, p. 158. — Hartert, *v.* 3,
   p. 1976.
sw.-kaukas., eur. × (etwa im 11. Jahrh.) (Jv.)   Ö × [10]

Gatt.: *Syrmaticus* Wagler 1832

S. reevesii (Gray)[11] 1829 in: Griffith-Cuvier, An. Kingdom, *v.* 8 (Aves III), p. 25
   (Phasianus). — Hartert, *v.* 3, p. 1997.
so.-pal. (lok. Jv., ×)   N + (nach 1945)   sSt + (nach 1945)

Fam.: Meleagridae

Gatt.: *Meleagris* Linné 1766

M. gallopavo osceola Scott 1890 Auk, *v.* 7, p. 376.
so.-nearkt. (lok. Jv. ×)   N + (nach 1945)   B + (nach 1945)

---

[8] Bastarde zwischen *Tetrao urogallus* und *Lyrurus tetrix*, als *Tetrao medius* auct. bezeichnet
sind aus V, nT, S, O, N, St, K gemeldet.

[9] Ein Bastard zwischen *P. colchicus* u. *Lyrurus tetrix* wurde 1953 in Aigen, Oberösterr.
erbeutet (Kloiber et Rokitansky 1954).

[10] Unsere Fasanenbestände bilden durch wiederholtes Einkreuzen weiterer Rassen des
Formenkreises *P. colchicus* Linné, so des *P. c. torquatus* Gmelin 1789, des *P. c. mongolicus*
Brandt 1844, des *P. c. formosanus* Elliot 1870 und des *P. c. versicolor* Vieillot 1825 eine bunte
Mischpopulation.

[11] Ein Bastard zwischen *Syrmaticus reevesii* u. *Phasianus colchicus* wurde im Dezember
1931 bei Leibnitz, Steierm., festgestellt.

Ordn.: Ralliformes
Fam.: Gruidae
Gatt.: *Grus* Pallas 1766

G. grus grus (Linné) 1758 Syst. Nat., ed. 10, *v.* 1, p. 153 *(Ardea).* — Hartert, *v.* 3,
    p. 1813 *(Megalornis).* — *(G. cinerea* Meyer 1810).

w.-pal. (Bv.: S +, O + [Ibmer Moor bis 1880], B + [Hansag]; selt. Dz.)   Ö

Fam.: Rallidae
Gatt.: *Rallus* Linné 1758

R. aquaticus aquaticus Linné 1758 Syst. Nat., ed. 10, *v.* 1, p. 153. — Hartert, *v.* 3,
    p. 1824.

eur., n.-afr. (selt. Bv.: V, nT, S, O, St, B, K ?; Dz.)   Ö

Gatt.: *Porzana* Vieillot 1816

P. parva (Scopoli) 1769 Annus I. hist. nat., p. 108 *(Rallus).* — Hartert, *v.* 3, p. 1832.
    — *(Gallinula minuta* Montagu 1813. — *Ortygometra m.).*

w.-pal. (Bv.: N, B, K; Dz.)   V nT S O N St B K

P. porzana (Linné) 1766 Syst. Nat., ed 12, *v.* 1, p. 262 *(Rallus).* — Hartert, *v.* 3,
    p. 1827. — *(Gallinula p.* — *Ortygometra p.* — *P. maruetta* Bonaparte 1842).

w.-pal. (Bv.: V, nT ?, S, O ?, N, St ? B, K ?; Dz.)   Ö

P. pusilla intermedia (Hermann) 1804 Observ. Zool., p. 198 *(Rallus).* — Hartert,
    v. 3, p. 1829. — *(Gallinula pygmaea* C. L. Brehm 1824. — *Ortygometra p.).*

w.-pal. (selt. Bv.: B [Neusiedlersee], K [Lavamünd 1891 Keller 1892]; Dz.)
      V nT N St B K

Gatt.: *Crex* Bechstein 1803

C. crex crex (Linné) Syst. Nat., ed. 10, *v.* 1, p. 153 *(Rallus).* — Hartert, *v.* 3, p. 1838. —
    (C. pratensis Bechstein 1803).

w.-pal. (Bv.)   Ö

Gatt.: *Porphyrio* Brisson 1760

P. porphyrio porphyrio (Linné) 1758 Syst. Nat., ed. 10, *v.* 1, p. 152 *(Fulica).* — Hartert,
    v. 3, p. 1846 *(P. caeruleus* Vandelli). — *(P. hyacinthinus* Temminck 1820).

s.-eur., med., n.-afr. (Ae.: K [Völkermarkt 1879 Hanf 1884])   K

Gatt.: *Gallinula* Brisson 1761

G. chloropus chloropus (Linné) 1758 Syst. Nat., ed. 10, *v.* 1, p. 152 *(Fulica).* — Hartert,
    v. 3, p. 1840.

w.-pal. (Bv.)   Ö

Gatt.: *Fulica* Linné 1758

F. atra atra Linné Syst. Nat., ed. 10, *v.* 1, p. 152. — Hartert, *v.* 3, p. 1851.

pal., ind. (Bv.: V, nT, S, O, N, St, B, K; Dz.)   Ö

Fam.: Otididae
Gatt.: *Otis* Linné 1758

O. tarda tarda Linné 1758 Syst. Nat., ed. 10, *v.* 1, p. 154. — Hartert, *v.* 3, p. 1799.
m.-, s.-eur., w.-as. (Jv.: N, B; Ae.: nT, S, O, K)   nT S O N B K

O. tetrax orientalis Hartert 1916 N. zool., *v.* 23, p. 339. — Hartert, *v.* 3, p. 1803.
m.-, o.-eur., w.-sibir., n.-afr. (selt. Bv.: N [zul. Rutzendorf im Marchfeld 1921 Becker
1943]; Ae.: V, S, O, St, B, K)   V S O N St B K

Ordn.: Charadriiformes
Fam.: Haematopodidae
Gatt.: *Haematopus* Linné 1758

H. ostralegus ostralegus Linné 1758 Syst. Nat., ed. 1C, *v.* 1, p. 152. — Hartert, *v.* 2,
    p. 1676.
nw.-, n.-, s.-eur. (selt. Dz.)   nT   O   N   B

H. o. longipes Buturlin 1910 Mess. Orn., p. 36. — Hartert, *v.* 2, p. 1678.
o.-eur., w.-sibir. (Ae.: B [Neusiedlersee 1865 Niethammer 1943])   B

Fam.: Charadriidae
Gatt.: *Vanellus* Brisson 1750

V. vanellus (Linné) 1758 Syst. Nat., ed. 10, *v.* 1, p. 148 *(Tringa)*. — Hartert, *v.* 2,
    p. 1555. — *(V. cristatus* Wolf et Meyer 1805).
eur., pal.-as. (Bv.: V, S, O, N, St, B, K; Dz.)   Ö

Gatt.: *Charadrius* Linné 1758

C. alexandrinus alexandrinus Linné 1758 Syst. Nat., ed. 10, *v.* 1, p. 150. — Hartert,
    v. 2, p. 1538. — *(Aegialites cantianus* Latham 1801).
pal. (Bv.: B [Seewinkel])   B

C. dubius curonicus Gmelin 1788 Syst. Nat., ed. 13, *v.* 1, p. 692. — Hartert, *v.* 2,
    p. 1535. — *(Aegialites minor* Wolf et Meyer 1805).
pal. (Bv.: V, S, O, N, St, B; Dz.)   Ö

C. hiaticula tundrae P. R. Lowe 1915 Bull. Brit. Orn. Club, *v.* 36, p. 7 *(Aegialitis hiati-*
    cola t.). — Hartert, *v,* 2, p. 1534.
n.-pal. (Dz.) [12]   Ö

Gatt.: *Pluvialis* Brisson 1760

P. apricarius apricarius (Linné) 1758 Syst. Nat., ed. 10, *v.* 1, p. 150 *(Charadrius)*. —
    Hartert, *v.* 2, p. 1549 *(Charadrius a.)*. — *(Charadrius pluvialis* Linné 1758).
n.-eur., w.-sibir. (Dz.)   V   nT   S   O   N   St   B   K

P. squatarola (Linné) 1758 Syst. Nat., ed. 10, *v.* 1, p. 149 *(Tringa)*. — Hartert, *v.* 3,
    p. 1553 *(Squatarola)*. — *(Charadrius s.* auct. — *Squatarola s.* — *Vanellus melano-*
    gaster Bechstein 1809).
arkt.-holarkt. (Dz.)   Ö

Gatt.: *Eudromias* C. L. Brehm 1830

E. morinellus (Linné) 1758 Syst. Nat., ed. 10, *v.* 1, p. 150 *(Charadrius)*. — Hartert,
    v. 2, p. 1545 *(Charadrius m.)*.
n.-pal. (montan) (lok. Bv.: St [Zirbitzkogel], K; selt. Dz.)   V   nT   S   N   St   B   K

Gatt.: *Arenaria* Brisson 1760

A. interpres interpres (Linné) 1758 Syst. Nat., ed. 10, *v.* 1, p. 148 *(Tringa).*—Hartert,
    v. 2, p. 1566. — *(Strepsilas i.)*.
arkt., n.-pal. (selt. Dz.)   V   O   St   B   K

Fam.: Scolopacidae
Gatt.: *Capella* Frenzl 1801

C. gallinago gallinago (Linné) 1758 Syst. Nat., ed. 10, *v.* 1, p. 147 *(Scolopax).* — Hartert,
    v. 2, p. 1656 *(Gallinago g. g.)*. — *(Gallinago scolopacina* Marschall et Pelzeln
    1882).
eur., n.- z.-as. (Bv.: V, nT ?, S, O, N, St ?, B, K, oT [olim]; Dz.)   Ö

---

[12] Das bei Marschall et Pelzeln 1882 und Bau 1906 erwähnte Brutvorkommen bezieht
sich sicher auf *C. h. hiaticula* Linné 1758 und ist zudem unbelegt.

C. media (Latham) 1787 Gen. Synopsis, suppl., *v.* 1, p. 292 *(Scolopax)*. — Hartert,
    v. 2, p. 1660 *(Gallinago m.)*. — *(Gallinago major* Gmelin 1789. — *Ascalopax m.)*.
n.-eur., z.-as. (selt. Dz.)   V nT S O N St B K

Gatt.: *Lymnocryptes* Kaup 1829

L. minima (Brünnich) 1764 Orn. bor., p. 49 *(Scolopax)*. — Hartert, *v.* 2, p. 1669
    (L. gallinula). — *(Gallinago gallinula* Linné 1766. — *Ascalopax g.)*.
n.-pal. (Dz.)   Ö

Gatt.: *Scolopax* Linné 1758

S. rusticola rusticola Linné 1758 Syst. Nat., ed. 10, *v.* 1, p. 146. — Hartert, *v.* 2, p. 1651.
pal. (Bv.)   Ö

Gatt.: *Numenius* Brisson 1760

N. arquata arquata (Linné) 1758 Syst. Nat., ed 10, *v.* 1, p. 145 *(Scolopax)*. — Hartert,
    v. 2, p. 1642.
eur. (lok. Bv.: V, S, O, N, B; Dz.)   Ö

N. phaeopus phaeopus (Linné) 1758 Syst. Nat., ed. 10, *v.* 1, p. 146 *(Scolopax)*. — Har-
    tert, *v.* 2, p. 1647.
n.-eur., w.-sibir. (selt. Dz.)   V O N St B K oT

N. tenuirostris Vieillot 1817 N. Dict., n. éd., *v.* 8, p. 302. — Hartert, *v.* 2, p. 1645.
w.-sibir. (Ae.: V [Neurheindelta 1960 Willi 1961], nT [Brenner 1896 Tschusi 1896],
B [St. Andrä 1955 Bauer et Freundl 1955, Zicksee 1960 Leisler 1962], oT [Lienz
Kühtreiber 1952])   V nT B oT

Gatt.: *Limosa* Brisson 1760

L. lapponica lapponica (Linné) 1758 Syst. Nat., ed. 10, *v.* 1, p. 147 *(Scolopax)*. —
    Hartert, *v.* 2, p. 1639.
n.-eur., nw.-sibir. (Dz.)   V S O N B K

L. limosa limosa (Linné) 1758 Syst. Nat., ed. 10, *v.* 1, p. 147 *(Scolopax)*. — Hartert,
    v. 2, p. 1637. — *(L. aegocephala* Marschall et Pelzeln 1883. — *(L. melanura*
    Leisler 1813).
m.-, o.-eur., w.-sibir. (Bv.: V [Fussacher Ried 1958, 1959 Willi 1961], N [Moosbrunn,
March, Leitha], B [Neusiedlersee]; Dz.)   V S O N St B K

Gatt.: *Tringa* Linné 1758

T. erythropus Pallas 1764 in: Vroeg, Adumbr., p. 6 *(Scolopax)*. — Hartert, *v.* 2, p. 1608.
    — *(Totanus fuscus* Linné 1766).
n.-eur. (Dz.)   V nT S O N St B K

T. glareola Linné 1758 Syst. Nat., ed. 10, *v.* 1, p. 149. — Hartert, *v.* 2, p. 1620. —
    (Totanus g.).
n.- z.-pal. (Dz.)   Ö

T. nebularia (Gunnerus) 1767 Leem Beskr. Finm. Lapp., p. 251 *(Scolopax)*. — Hartert,
    v. 2, p. 1614. — *(Totanus littoreus* Schaffer. — *Totanus glottis* Schaffer).
n.-pal. (Dz.)   Ö

T. ochropus Linné 1758 Syst. Nat., ed. 10, *v.* 1, p. 149. — Hartert, *v.* 2, p. 1617. —
    (Totanus o.).
n.-, z.-pal. (selt. Bv.: N [Lobau b. Wien 1946 u. St. Andrä a. d. Traisen 1953 Stenger
1955])   Ö

T. stagnatilis (Bechstein) 1803 Orn. Taschenb., *v.* 2, p. 292 *(Totanus)*. — Hartert,
    v. 2, p. 1613.
so.-eur., z.-as. (selt. Bv.: B [Seewinkel]; Ae.: V, S, O, St, K) V S O St B K

T. totanus totanus (Linné) 1758 Syst. Nat., ed. 10, *v.* 1, p. 145 *(Scolopax)*. — Hartert,
    v. 2, p. 1609. — *(Totanus calidris* Linné 1766).
w.-pal. (Bv.: V, S, O, N, B; Dz.)   V S O N St B K

Gatt.: *Actitis* Illiger 1811

A. hypoleucos (Linné) 1758 Syst. Nat., ed. 10, *v.* 1, p. 149 *(Tringa).* — Hartert, *v.* 2,
    p. 1623 *(Tringa h.).*
n.-, z.-pal. (sporad. Bv.)   Ö

A. macularia (Linné) 1766 Syst. Nat., ed. 12, *v.* 1, p. 149 *(Tringa).* — Hartert, *v.* 2,
    p. 1625 *(Tringa m.).*
nearkt. (Irrg.: B? [Neusiedlersee Marschall et Pelzeln 1882, Zimmermann 1944])
                                                            B?

Gatt.: *Calidris* Merrem 1804

C. alpina alpina (Linné) 1758 Syst. Nat., ed. 10, *v.* 1, p. 149 *(Tringa).* — Hartert,
    v. 2, p. 1574 *(Erolia a.).* — *(Tringa variabilis* Bechstein 1809).
n.-eur., sibir. (Dz.)   V nT S O N St B K

C. a. schinzii (C. L. Brehm) 1822 Beitr. Vögelk., *v.* 3, p. 355 *(Tringa S.).* — Hartert et
    Steinbacher 1932—1938 Vögel pal. Fauna, suppl., p. 472.
n.-eur. (Dz.)   nT O N St B K

C. canutus canutus (Linné) 1758 Syst. Nat., ed. 10, *v.* 1, p. 149 *(Tringa).* — Hartert,
    v. 2, p. 1586 *(Erolia).* — *(Tringa cinerea* Brünnich 1764).
n.-sibir. (selt. Dz.)   V O N St B K

C. ferruginea (Brünnich) 1764 Orn. bor., p. 58 *(Tringa).* — Hartert, *v.* 2, p. 1572
    (Erolia). — *(C. testacea* Pallas 1764. — *Tringa subarquata* Güldenstaedt 1774).
n.-sibir. (Dz.)   V O N St B K

C. maritima maritima (Brünnich) 1764 Orn. bor., p. 54 *(Tringa).* — Hartert, *v.* 2,
    p. 1589 *(Erolia).*
n.-holarkt. (Ae.)   V N B

C. minuta (Leisler) 1812 Nachtr. zu Bechstein, Gemein. Naturg. Deutschl., p. 74
    (Tringa). — Hartert, *v.* 2, p. 1577 *(Erolia).*
n.-pal. (Dz.)   V nT O N St B K

C. temminckii (Leisler) 1812 Nachtr. zu Bechstein, Gemein. Naturg. Deutschl.,
    p. 64 *(Tringa).* — Hartert, *v.* 2, p. 1581 *(Erolia).*
n.-pal. (Dz.)   V O N St B K

Gatt.: *Crocethia* Billberg 1828

C. alba (Pallas) 1764 in: Vroeg, Adumbr., p. 7 *(Tringa).* — Hartert, *v.* 2, p. 1599. —
    (Calidris arenaria Linné 1766).
n.-holarkt. (selt. Dz.)   V O N B K

Gatt.: *Limicola* Koch 1816

L. falcinellus falcinellus (Pontoppidan) 1763 Danske Atl., *v.* 1, p. 623 *(Scolopax).*
    — Hartert, *v.* 2, p. 1601. — *(L. platyrhyncha* Temminck 1815. — *Tringa p.).*
n.-pal. (selt. Dz.)   V O N St B K

Gatt.: *Philomachus* Merrem 1804

P. pugnax (Linné) 1758 Syst. Nat., ed. 10, *v.* 1, p. 148 *(Tringa).* — Hartert, *v.* 2,
    p. 1594. — *(Machetes p.).*
eurosibir. (selt. Bv.: B [Seewinkel]); Dz.)   V nT S O N St B K

Fam.: Recurvirostridae

Gatt.: *Recurvirostra* Linné 1758

R. avosetta avosetta Linné 1758 Syst. Nat., ed. 10, *v.* 1, p. 151. — Hatert, *v.* 2, p. 1635.
pal., afr. (Bv.: B [Seewinkel]; Ae.: O, N, St)   O N St B

Gatt.: *Himantopus* Brisson 1760

H. himantopus himantopus (Linné) 1758 Syst. Nat., ed. 10, *v.* 1, p. 151 *(Charadrius).* — Hartert, *v.* 2, p. 1633. — *(H. rufipes* Bechstein 1803. — *H. vulgaris* Bechstein 1803).

w.-, s.-, so.-eur., med., pont., s.-as., afr. (selt. Bv.: B [Seewinkel]; Ae.: V, S, O, N, St, K)

                                      V   S   O   N   St   B   K

Fam.: Phalaropidae

Gatt.: *Phalaropus* Brisson 1760

P. fulicarius (Linné) 1758 Syst. Nat., ed. 10, *v.* 1, p. 148 *(Tringa).* — Hartert, *v.* 2, p. 1628.

n.-holarkt. (Ae.)

                                      V   O

P. lobatus (Linné) 1758 Syst. Nat., ed. 10, *v.* 1, p. 148 *(Tringa).* — Hartert, *v.* 2, p. 1630. — *(P. hyperboreus* Linné 1766).

n.-holarkt. (selt. Dz.)

                               V   nT   O   N   St   B

Fam.: Burhinidae

Gatt.: *Burhinus* Illiger 1811

B. oedicnemus oedicnemus (Linné) 1758 Syst. Nat., ed. 10, *v.* 1, p. 151 *(Charadrius).* — Hartert, *v.* 2, p. 1518. — *(Oedicnemus crepitans* Temminck 1815).

w.-pal. (selt. Bv.: O, N, B, K [Lavamünd 1889 Keller 1890]; Dz.)

                                          Ö

Fam.: Glareolidae

Gatt.: *Glareola* Brisson 1760

G. pratincola pratincola (Linné) 1766 Syst. Nat., ed. 12, *v.* 1, p. 345 *(Hirundo).* — Hartert, *v.* 2, p. 1527.

s.-eur., sw.-as. (Ae.: S [1846 Tschusi 1914], N, St [Furtteich b. Mariahof 1870 Hanf 1884, Schladming 1912 Höpflinger 1958], B [Illmitz 1962 Triebl 1963, Bergmann 1963], K [Lavanttal 1874 Keller 1890])

                                      S   N   St   B   K

Gatt.: *Cursorius* Latham 1787

C. cursor (Latham) 1787 Gen. Synopsis, suppl., *v.* 1, p. 293 *(Charadrius)* (subspec. ?). — Hartert, *v.* 2, p. 1524 *(C. gallicus gallicus).*

s.-as., n.-afr. (Irrg.: V [Lustenau 1889 Zollikofer 1900])

                                          V

Fam.: Stercorariidae

Gatt.: *Stercorarius* Brisson 1760

S. longicaudus Vieillot 1819 N. Dict., n. éd., *v.* 32, p. 157. — Hartert, *v.* 2, p. 1763. — *(Lestris buffoni* Boie 1822. — *L. crepidata* Marschall et Pelzeln 1882).
arkt. (Ae.: V, S [Sonnblick 1896 Tschusi 1914], N, St [Schladming 1954 Höpflinger 1958], B, K)

                                  V   S   N   St   B   K

S. parasiticus parasiticus (Linné) 1758 Syst. Nat., ed. 10, *v.* 1, p. 136 *(Larus).* — Hartert, *v.* 2, p. 1760. — *(Lestris cephus* Kayserling et Blasius 1840).
n.-holarkt. (Ae.)

                              V   nT   S   O   N   St   B   K

S. pomarinus (Temminck) 1815 Man. Orn., p. 514 *(Lestris).* — Hartert, *v.* 2, p. 1758. — *(Lestris pomatorhina* auct.).
arkt. (selt. Wg.)

                              V   nT   S   O   N   St   B   K

S. skua skua (Brünnich) 1764 Orn. bor., p. 38 *(Catharacta).* — Hartert, *v.* 2, p. 1756.
isl., Faröer, Shetland- u. Orkney-Inseln (Ae.: S [Mattsee 1954 Tratz 1955], N [Stein a. d. Donau u. Zwentendorf 1881 Derschauer I. Jahresber. Com. Orn. Beob. Stat. 1882, p. 194])

                                        S   N

Fam.: Laridae

Gatt.: *Pagophila* Kaup 1842

P. eburnea (Phipps) 1744 Voy. North. Pole, App., p. 187 *(Larus).* — Hartert, *v.* 2, p. 1750.
arkt. (Irrg.: B ? [Neusiedlersee Zimmermann 1944])

                                          B ?

Gatt.: *Larus* Linné 1758

L. argentatus argentatus Pontoppidan 1763 Danske Atl., *v.* 1, p. 622. — Hartert,
   v. 2, p. 1723.
nw.-, w.-eur., w.-balt. (Bes.)   V   nT   S   O   N   B   K   oT

L. a. michahellis J. F. Naumann 1840 Naturg. Vög. Deutschl., *v.* 10, p. 382. — Hartert et Steinbacher 1932—1938 Vögel pal. Fauna, suppl., p. 497.
nw.-, w.-iber., w.-med., balk. (Bes.)   B (Neusiedlersee)

L. canus canus Linné 1758 Syst. Nat., ed. 10, *v.* 1, p. 136. — Hartert, *v.* 2, p. 1730.
n.-eur. (Bv.: V [Fussacher Ried 1960 Willi 1961]; Dz.)
               V   nT   S   O   N   St   B   K

L. fuscus fuscus Linné 1758 Syst. Nat., ed. 10, *v.* 1. p. 136. — Hartert, *v.* 2, p. 1727.
n.-eur. (Dz.)   V   S   O   N   St   B   K

L. f. graellsii A. E. Brehm 1857 Naturh. Zeit., N. F., *v.* 3, p. 483. — Hartert,
   v. 2, p. 1728 (*L. f. affinis* Reinhardt 1853).
Faröer, brit., irl., holl. u. nw.-deutsch. Küstengeb. (Ae.: N [Wien Bodenstein et
Rokitansky 1960])   N

L. glaucoides Meyer 1822 Zus. Ber. Meyer u. Wolf Taschenb. deutsch. Vögelk., p. 197.
   — Hartert, *v.* 2, p. 1736 (*L. leucopterus* Faber 1822).
arkt.-nearkt., grönl., Jan Mayen (Ae.: N [Fischamend 1874 Marschall et Pelzeln
1882])   N

L. hyperboreus Gunnerus 1767 in: Leem, Beskr. Finn. Lapp, p. 226. — Hartert,
   v. 2, p. 1734. — (*L. glaucus* Brünnich 1764).
arkt. (Ae.: O [Eferding 1840 Tschusi 1914], N [Wien 1858 Weißert 1958, Peters
et Ganso 1958], K [Ossiachersee 1884 Keller 1893])   O   N   K

L. marinus Linné 1758 Syst. Nat., ed. 10, *v.* 1, p. 136. — Hartert, *v.* 2, p. 1721.
nw.-pal., no.-nearkt. (selt. Bes.)   V   nT   S   O   N   B   K

L. melanocephalus Temminck 1820 Man. Orn., ed. 2, *v.* 2, p. 777. — Hartert, *v.* 2,
   p. 1741. — (*Xema m.*).
s.-pal. (selt. Bv.: B [Seewinkel 1959 Festetics 1959]; Ae.: N, K)   N   B   K

L. minutus Pallas 1776 Reise Ruß., *v.* 3, p. 702. — Hartert, *v.* 2, p. 1743. — (*Xema m.*).
n.-, o.-eur., w.-sib. (zerstr.) (Sg.: B; Dz.)   V   S   O   N   St   B   K

L. ridibundus ridibundus Linné 1766 Syst. Nat., ed. 12, *v.* 1, p. 225. — Hartert, *v.* 2,
   p. 1745.
euras. (Bv.: V, S ?, O [Braunau seit 1952 Grims 1960], B, K [bis zur Jahrhundertwende];
Dz; Wg.)   Ö

Gatt.: *Xema* Leach 1819

X. sabini (Sabine) 1816 Tr. Linn. Soc. London, *v.* 12, p. 520 (*Larus*). — Hartert,
   v. 2, p. 1717.
arkt. (Irrg.: N ? [Melk Newald 1878])   N ?

Gatt.: *Rissa* Stephens 1826

R. tridactyla tridactyla (Linné) 1758 Syst. Nat., ed. 10, *v.* 1, p. 136 (*Larus*). — Hartert,
   v. 2, p. 1751.
n.-holarkt. (Ae.)   V   nT   S   O   N   St   B   K

Gatt.: *Chlidonias* Rafinesque 1822

C. leucopterus (Temminck) 1815 Man. Orn., p. 483 (*Sterna leucoptera*). — Hartert,
   v. 2, p. 1685 (*Hydrochelidon leucoptera*).
euras. (Bv.: N [olim, Frauenfeld 1871], B [Neusiedlersee]; Dz.)
               V ?   nT   O   N   St   B   K

C. hybrida hybrida (Pallas) 1811 Zoogr. Rosso-Asiat., *v.* 2, p. 338 (*Sterna*). — Hartert,
   v. 2, p. 1686 (*Hydrochelidon leucopareia l.* Temminck 1820).
s.-pal. (Ae.: O, K; selt. Bes.: N, B)   O   N   B   K

C. niger niger (Linné) 1758 Syst. Nat., ed. 10, *v.* 1, p. 137 *(Sterna)*. — Hartert, *v.* 2,
　　p. 1683 *(Hydrochelidon nigra nigra)*. — *(Hydrochelidon fissipes* Linné 1766).
w.-pal., nearkt. (Bv.: K [Ossiachersee fide Boldt 1962], B; Dz.)　　　　　　　　Ö

Gatt.: *Gelochelidon* C. L. Brehm 1830

G. nilotica nilotica (Gmelin) 1789 Syst. Nat., ed. 13, *v.* 2, p. 606 *(Sterna)*. — Hartert,.
　　v. 2, p. 1689. — *(Sterna anglica* Montagu 1813).
eur. (zerstr.), w.-as. (Bv.: N [Fischamend 1877, Zwentendorf 1901], B [Seewinkel];
Ae.: nT, St [Mariahof 1882 Hanf 1884], K [Neudau b. Wolfsberg 1875 Keller 1893])
　　　　　　　　　　　　　　　　　　　　　　　　　　　　nT　N　St　B　K

Gatt.: *Hydroprogne* Kaup 1829

H. caspia caspia (Pallas) 1770 N. Commentar. Ac. Petrop., *v.* 14, p. 582 *(Sterna)*. —
　　Hartert, *v.* 2, p. 1692 (*H. tschegrava* Lepechin 1770).
n.-eur., med., as., afr., nearkt. (zerstr.) (selt. Dz.)　　　　　S　O　N　B　K

Gatt.: *Sterna* Linné 1758

S. albifrons albifrons Pallas 1764 in: Vroeg, Adumbr., p. 6. — Hartert, *v.* 2, p. 1712
　　— (*S. minor* Linné 1766).
w.-pal. (Bv.: N [Donau], B [Neusiedlersee]; Dz.)　　　　　　　　　　　　Ö

S. dougallii dougallii Montagu 1813 Orn. Dict., suppl. — Hartert, *v.* 2, p. 1705.
n.-atlant. (zerstr.) (Ae.: B [Neusiedlersee 1954 Bauer et Freundl 1955])　　　B

S. hirundo hirundo Linné 1758 Syst. Nat., ed. 10, *v.* 1, p. 137. — Hartert, *v.* 2, p. 1701.
　　— (*S. fluviatilis* Naumann 1848).
w.-pal., o.-nearkt. (Bv.: V, O, N, B [Neusiedlersee]; Dz.)　　　　　　　　　Ö

S. macrura Naumann 1819 Isis, p. 1874. — Hartert, *v.* 2, p. 1704 (*S. paradisaea*
　　Brünnich 1764).
n.-pal. (Ae.: B? [Zimmermann 1944])　　　　　　　　　　　　　　　B?

Fam.: Alcidae
Gatt.: *Uria* Brisson 1760

U. aalge (Pontoppidan) 1763 Danske Atl., *v.* 1, p. 621, t. 26 rechts *(Colymbus)*. —
　　Hartert, *v.* 3, p. 1771 (*U. troille* Linné 1761).
n.-atlant., n.-paz., Nord- u. Ostsee (Ae.: B [Neusiedlersee 1929 oder 1930 Bauer et
Rokitansky 1952])　　　　　　　　　　　　　　　　　　　　　　　　B

U. lomvia lomvia (Linné) 1758 Syst. Nat., ed. 10, *v.* 1, p. 130 *(Alca)*. — Hartert
　　v. 3, p. 1773. — (*U. brünnichi* Sabine 1817).
n.-pal., no.-nearkt. (Irrg.: S [Hallein 1882 Tschusi 1914])　　　　　　　　S

Gatt.: *Fratercula* Brisson 1760

F. arctica (Linné) 1758 Syst. Nat., ed. 10, *v.* 1, p. 130 *(Alca)*. — Hartert, *v.* 3, p. 1792.
n.-, nw.-eur., no.-nearkt., grönl. (Ae.: B [St. Andrä 1961 Leisler 1962])　　　B

Ordn.: Columbiformes
Fam.: Pteroclidae
Gatt.: *Syrrhaptes* Illiger 1811

S. paradoxus (Pallas) 1773 Reise Ruß., *v.* 2, p. 712 *(Tetrao)*. — Hartert, *v.* 2, p. 1514.
z.-as. (Inv.: 1863—1865, 1879, 1898, 1908)　　　　　　　　　　　　　Ö

Fam.: Columbidae
Gatt.: *Columba* Linné 1758

C. livia livia Bonatèrre 1790 Enc. méth., *v.* 1, p. 227. — Hartert, *v.* 2, p. 1465.
n.-, w.-eur., med., w.-sibir. (petrophil) (Ae.: St? [Haslober Gröbl 1855 Schaffer 1904],
K [Reiskofel 1878 Keller 1890]) [13]　　　　　　　　　　　　　　St　K

---

[13] Verwilderte Abkömmlinge domestizierter Felsentauben in ganz Ö vorkommend.

C. oenas oenas Linné 1758 Syst. Nat., ed. 10, *v.* 1, p. 162. — Hartert, *v.* 2, p. 1474.
eur., kl.-as., w.-sibir., n.-afr. (Bv.) Ö

C. palumbus palumbus Linné 1758 Syst. Nat., ed. 10, *v.* 1, p. 163. — Hartert, *v.* 2,
    p. 1477.
eur., med., sw.-as. (Bv.) Ö

Gatt.: *Streptopelia* Bonaparte 1855

S. decaocto decaocto (Frivaldszky) 1838 Magyar Tud. Társaság Évkön., *v.* 3 (1834—1836),
    p. 183 *(Columba risoria* var. *d.).* — Hartert, *v.* 2, p. 1495.
m.-, so.-eur., s.-, o.-as. (Jv.) [14] Ö

S. turtur turtur (Linné) 1758 Syst. Nat., ed. 10, *v.* 1, p. 164 *(Columba).* — Hartert,
    v. 2, p. 1484. — *(Turtur auritus* Gray 1840).
w.-pal. (Bv.) Ö

Ordn.: Cuculiformes
Fam.: Cuculidae
Gatt.: *Cuculus* Linné 1758

C. canorus canorus Linné 1758 Syst. Nat., ed. 10, *v.* 1, p. 110. — Hartert, *v.* 2, p. 943.
eur. (Bv.) Ö

Gatt.: *Clamator* Kaup 1829

C. glandarius glandarius (Linné) 1758 Syst. Nat., ed. 10, *v.* 1, p. 111 *(Cuculus).* —
    Hartert, *v.* 2, p. 955.
iber., sw.-as., afr. (Irrg.: K? Hochenwart 1791) K?

Ordn.: Strigiformes
Fam.: Strigidae
Gatt.: *Tyto* Billberg 1828

T. alba guttata (C. L. Brehm) 1831 Handb. Naturg., p. 107 *(Strix).* — Hartert, *v.* 2,
    p. 1029. — *(Strix flammea* auct. part.).
n.-, m.-eur. (Jv.: nT, S, O, N, St, B, K, oT; Ae.: V.) Ö

Gatt.: *Otus* Pennant 1769

O. scops scops (Linné) 1758 Syst. Nat., ed. 10, *v.* 1, p. 92 *(Strix).* — Hartert, *v.* 2,
    p. 978. — *(Scops zorca* Gmelin 1758. — *Scops aldrovandi* Fleming 1828. —
    Ephialtes s. — *Pisorhina s.*).
s.-eur., med., kl.-as. (Bv.: S?, O, N, St, B, K, oT; selt. Bes.: V, nT) Ö

Gatt.: *Bubo* Duméril 1806

B. bubo bubo (Linné) 1758 Syst. Nat., ed. 10, *v.* 1, p. 92 *(Strix).* — Hartert, *v.* 2, p. 960
    — *(B. maximus* Fleming 1828).
eur. (selt. Jv.: V, nT, S, O, N, St, K, oT; Ae.: B) Ö

Gatt.: *Nyctea* Stephens 1826

N. scandiaca (Linné) Syst. Nat., ed. 10, *v.* 1, p. 93 *(Strix).* — Hartert, *v.* 2, p. 958
    (*N. nyctea* [L.]). — *(N. nivea* Thunberg 1798).
arkt. (Irrg.: N [Katzelsdorf 1858 Marschall et Pelzeln 1882], K [Köglach b. Wolfsberg 1867 Keller 1890]) N K

Gatt.: *Surnia* Duméril 1806

S. ulula ulula (Linné) 1758 Syst. Nat., ed. 10, *v.* 1, p. 93 *(Strix).* — Hartert, *v.* 2, p. 1010.
    — *(S. nisoria* Meyer 1809).
n.-eur. (Ae.) O N St K

---

[14] 1938 aus Südosteuropa eingewandert und sich seither ständig ausbreitend.

Gatt.: *Glaucidium* Boie 1826

G. passerinum passerinum (Linné) 1758 Syst. Nat., ed. 10, *v.* 1, p. 93 *(Strix).* — Hartert,
    v. 2, p. 1008. — *(S. pygmaea* Bechstein 1805. — *Athene p.).*

eur., w.-sibir. (Jv.)   V   nT   S   O   N   St   K   oT

Gatt.: *Athene* Boie 1828

A. noctua noctua (Scopoli) 1769 Annus I. hist. nat., *v.* 1, p. 22 *(Strix).* — Hartert,
    v. 2, p. 1000 *(A.* [oder *Carine*]). — *(Strix passerina* auct. — *Carine n.).*

m.-eur. (Jv.)   Ö

Gatt.: *Strix* Linné 1758

S. aluco aluco Linné 1758 Syst. Nat., ed. 10, *v.* 1, p. 93. — Hartert, *v.* 2, p. 1022. —
    (Syrnium a.).

eur., kl.-as. (Jv.)   Ö

S. uralensis macroura Wolf 1810 in: Meyer et Wolf, Taschenb. deutsch. Vögelk.,
    v. 1, p. 84. — Hartert, *v.* 2, p. 1019. — *(Syrnium u.).*

alp. (selt. Jv.: S, O, N, St, K; Bes.: oT)   S   O   N   St   K   oT

Gatt.: *Asio* Brisson 1760

A. flammeus flammeus (Pontoppidan) 1763 Danske Atl., *v.* 1, p. 617 *(Strix).* —
    Hartert, *v.* 2, p. 987. — *(Brachyotus palustris* Bechstein 1791. — *S. brachyotus*
    Forster 1771).

holarkt. (selt. Bv.: V, O, N, St, B; Dz.)   Ö

A. otus otus (Linné) 1758 Syst. Nat., ed. 10, *v.* 1, p. 92 *(Strix).* — Hartert, *v.* 2, p. 984. —
    (Otus vulgaris Fleming 1828).

holarkt. (Jv.)   Ö

Gatt.: *Aegolius* Kaup 1829

A. funereus funereus (Linné) 1758 Syst. Nat., ed. 10, *v.* 1, p. 93 *(Strix).* — Hartert,
    v. 2, p. 996 *(A.* [oder *Cryptoglaux*] *tengmalmi t.).* — *(S. dasypus* Bechstein 1803. —
    Nyctale tengmalmi Gmelin 1788).

n.-, m.-eur. (Jv.)   V   nT   S   O   N   St   K   oT

Ordn.: Caprimulgiformes

Fam.: Caprimulgidae

Gatt.: *Caprimulgus* Linné 1758

C. europaeus europaeus Linné 1758 Syst. Nat., ed. 10, *v.* 1, p. 193. — Hartert, *v.* 2,
    p. 846. — *(C. punctatus* Wolf 1810).

.-, m.-eur. (Bv.: nT, S, O, N, St, B, K, oT; Dz.)   Ö

Ordn.: Apodiformes

Fam.: Apodidae

Gatt.: *Apus* Scopoli 1777

A. apus apus (Linné) 1758 Syst. Nat., ed. 10, *v.* 1, p. 192 *(Hirundo).* — Hartert,
    v. 2, p. 836. — *(Cypselus murarius* Wolf 1810).

eur., w.-as., n.-afr. (Bv.)   Ö

A. melba melba (Linné) 1758 Syst. Nat., ed. 10, *v.* 1, p. 192 *(Hirundo).* — Hartert
    v. 2, p. 834. — *(Cypselus m.).*

so.-eur., alp., kl.-as., transkasp., turkest., Himalaja (Bv.: V ?, nT, S [Groβarltal 1961
Ausobsky 1962], K, oT; Ae.: O)   V   nT   S   O   K   oT

Ordn.: Coraciiformes

Fam.: Alcedinidae

Gatt.: *Alcedo* Linné 1758

A. atthis ispida Linné 1758 Syst. Nat., ed. 10, *v.* 1, p. 115. — Hartert, *v.* 2, p. 880.
eur. (Jv.: V, nT, S, O, N, St, K; Dz.)   Ö

Fam.: Meropidae

Gatt.: *Merops* Linné 1758

M. apiaster Linné 1758 Syst. Nat., ed. 10, *v.* 1, p. 117. — Hartert, *v.* 2, p. 858.
s.-eur., med., w.-as., n.-afr. (lok. Bv.: N, B; Ae.: V, S, O, St, K, oT)
V   S   O   N   St   B   K   oT

Fam.: Coraciidae

Gatt.: *Coracias* Linné 1758

C. garrulus garrulus Linné 1758 Syst. Nat., ed. 10, *v.* 1, p. 107. — Hartert, *v.* 2, p. 872.
eur., med., kl.-as., w.-sibir., nw.-afr. (lok. Bv.: O? N, St, B, K, oT; Dz.)   Ö

Fam.: Upupidae

Gatt.: *Upupa* Linné 1758

U. epops epops Linné 1758 Syst. Nat., ed. 10, *v.* 1, p. 117. — Hartert, *v.* 2, p. 867.
eur., w.-as., nw.-afr. (Bv.)   Ö

Ordn.: Piciformes

Fam.: Picidae

Gatt.: *Picus* Linné 1758

P. canus canus (Gmelin) 1788 Syst. Nat., ed. 13, *v.* 1, p. 434. — Hartert, *v.* 2, p. 894.
— *(P. viridicanus* Meyer et Wolf 1810. — *Gecinus c.).*
n.-, w.-, m.-, o.-eur., balk., kaukas. (Jv.)   Ö

P. viridis viridis Linné 1758 Syst. Nat., ed. 10, *v.* 1, p. 113. — Hartert, *v.* 2, p. 889. —
(Gecinus v.).
n.-, m.-eur. (Jv.)   Ö

Gatt.: *Dendrocopus* Koch 1816

D. leucotos leucotos (Bechstein) 1803 Orn. Taschenb., *v.* 1, fasc. 21, p. 66 *(Picus).* —
Hartert, *v.* 2, p. 915. — *(Picus leuconotus* auct. — *Dryobates l.).*
n.-, m.-, o.-eur. (zerstr.) (sporad. Jv.)   nT   S   O   N   St   K

D. major major (Linné) 1758 Syst. Nat., ed. 10, *v.* 1, p. 114 *(Picus).* — Hartert, *v.* 2,
p. 901 *(Dryobates m.).*
n.-eur., w.-sibir. (Wg.)   Ö

D. m. pinetorum (C. L. Brehm) [15] 1831 Handb. Naturg., p. 187. — Hartert, *v.* 2,
p. 902 *(Dryobates m. p.).*
w.-, m.-, so.-eur (Jv.)   Ö

D. medius medius (Linné) 1758 Syst. Nat., ed. 10, *v.* 1, p. 114 *(Picus).* — Hartert,
v. 2, p. 923 *(Dryobates m. m.).*
eur. (lok. Bv.)   V   S   O   N   St   B   K   oT?

D. minor hortorum (C. L. Brehm) 1831 Handb. Naturg., p. 192 *(Picus).* — Hartert,
v. 2, p. 920 *(Dryobates m. h.).*
m.-eur. (Jv.)   Ö

---

[15] Einzelne Exemplare mit sehr heller Unterseite und kleinem Flügelmaß aus höheren
Alpenlagen dürften zur Reliktrasse *D. m. alpestris* Reichenbach 1824 gehören.

D. syriacus syriacus (Hemprich et Ehrenberg) 1833 Symb. phys., Aves fol. r, note 5
  (Picus). — Hartert, v. 2, p. 910 *(Dryobates s.).*
so.-eur., sw.-as. (Jv.; Neueinwanderer)   oN, s.-mSt B

Gatt.: *Picoides* Lacépède 1799

P. tridactylus alpinus C. L. Brehm 1831 Handb. Naturg. p. 194. — Hartert, v. 2, p. 932.
  — *(Apternus t.).*
m.-, so.-eur. (alpin) (Jv.)   V nT S O N St K oT

Gatt.: *Dryocopus* Boie 1826

D. martius martius (Linné) 1758 Syst. Nat., ed. 10, v. 1, p. 112. — Hartert, v. 2, p. 934.
eur., n.-kl.-as., n.-pers. (Jv.)   Ö

Gatt.: *Jynx* Linné 1758

J. torquilla torquilla Linné 1758 Syst. Nat., ed. 10, v. 1, p. 112. — Hartert, v. 2, p. 938.
eur., w.-as. (Bv.)   Ö

Ordn.: Passeriformes

Fam.: Alaudidae

Gatt.: *Melanocoryphe* Boie 1828

M. calandra (Linné) 1766 Syst. Nat., ed. 12, v. 1, p. 288 *(Alauda)* (subspec. ?). —
  Hartert, v. 1, p. 208.
s.-eur., w.-as., n.-afr. (Ae.: K? [Ob. Gailtal 1884 Keller 1890])   K?

M. yeltoniensis (Forster) 1767 Phil. Tr., v. 57, p. 350 *(Alauda).* — Hartert, v. 1,
  p. 213. — *(M. tatarica* Pallas 1773).
so.-russ., turkest., sw.-sibir. (Irrg.: N [Breitensee, vorig. Jahrh. Marschall et Pelzeln
1882])   N

Gatt.: *Calandrella* Kaup 1829

C. brachydactyla brachydactyla (Leisler) 1814 Ann. Wetter. Ges., v. 3, p. 375 *(Alauda)*
  — Hartert, v. 1, p. 214.
s.-eur., med., kl.-as., kirg., nw.-afr. (Ae.: V [Lustenau 1871 Bau 1907], St [Mariahof
1879 Hanf 1883], K [1888 Keller 1890], B [Hansag 1959 Bauer 1959]) V St K B

Gatt.: *Galerida* Boie 1828

G. cristata cristata (Linné) 1758 Syst. Nat., ed. 10, v. 1, p. 166 *(Alauda).* — Hartert,
  v. 1, p. 228.
m.-eur. (Jv.: V, nT, S, O, N, St, B, K; Bes.: oT)   Ö

Gatt.: *Lullula* Kaup 1829

L. arborea arborea (Linné) 1758 Syst. Nat., ed. 10, v. 1, p. 166 *(Alauda).* — Hartert,
  v. 1, p. 241.
n.-, m.-, o.-eur. (Bv.)   Ö

Gatt.: *Alauda* Linné 1758

A. arvensis arvensis Linné 1758 Syst. Nat., ed. 10, v. 1, p. 165. — Hartert, v. 1, p. 244.
n.-, m.-eur. (Bv.)   Ö

Gatt.: *Eremophila* Boie 1828

E. alpestris flava Gmelin 1788 Syst. Nat., ed. 13, v. 1, p. 800 *(Alauda).* — Hartert,
  v. 1, p. 255. — *(Phileremos a.* — *Otocorys a.).*
n.-pal. (selt. Wg.: nT, O, B, K [Keller 1890])   nT O B K

Fam.: Hirundinidae

Gatt.: *Hirundo* Linné 1758

H. daurica Linné 1771 Mantissa, p. 528. (subspec. ?) — Hartert, *v.* 1, p. 804 *(Chelidon d.).*
s.-éur., as., afr. (Ae.: V [Rheinspitz Jung et Kleinsteuber 1962])   V

H. rustica rustica Linné 1758 Syst. Nat., ed. 10, *v.* 1, p. 191. — Hartert, *v.* 1, p. 800 *(Chelidon).*
w.-pal. (Bv.)   Ö

Gatt.: *Delichon* Morre 1854

D. urbica urbica (Linné) 1758 Syst. Nat., ed. 10, *v.* 1, p. 192 *(Hirundo).* — Hartert, *v.* 1, p. 807 *(Hirundo u. u.).* — *(Chelidon u.* — *Chelidonaria u.).*
eur., kl.-as., w.-sibir. (Bv.)   Ö

Gatt.: *Riparia* Forster 1817

R. riparia riparia (Linné) 1758 Syst. Nat., ed. 10, *v.* 1, p. 192 *(Hirundo).* — Hartert, *v.* 1, p. 811. — *(Cotyle r.* — *Clivicola r.).*
eur., med., n.-as., nw.-afr., nearkt. (lok. Bv.: V ?, O, N, St ?, B; Dz.)   Ö

Gatt.: *Ptyonoprogne* Reichenbach 1850

P. rupestris rupestris (Scopoli) 1769 Annus I. hist. nat., p. 167 *(Hirundo).* — Hartert, *v.* 1, p. 815 *(Riparia r.).* — *(Biblis r.).*
alp., s.-eur., kl.-as., pers., z.-as., nw.-afr. (petrophil) (lok. Bv.)   V   nT   S   St   K   oT

Fam.: Oriolidae

Gatt.: *Oriolus* Linné 1766

O. oriolus oriolus (Linné) 1758 Syst. Nat., ed. 10, *v.* 1, p. 107 *(Coracias).* — Hartert, *v.* 1, p. 51. — *(O. galbula* Linné 1766).
w.-pal. (Bv.)   Ö

Fam.: Corvidae

Gatt.: *Corvus* Linné 1758

C. corax corax Linné 1758 Syst. Nat., ed. 10, *v.* 1, p. 105. — Hartert, *v.* 1, p. 2.
eur., w.-sibir. (Jv.: V, nT, S, O, N, St, K, oT; selt. Bes.: B [Vauk 1962])   Ö

C. corone corone Linné 1758 Syst. Nat., ed. 10, *v.* 1, p. 105. — Hartert, *v.* 1, p. 11.
w.-, m.-eur. (w. der Elbe) (Jv.: V, nT, S, O, N, St, K, oT; Bes.: B)   Ö

C. c. cornix Linné 1758 Syst. Nat., ed. 10, *v.* 1, p. 105. — Hartert, *v.* 1, p. 9.
irl., schottl., n.-, m.-eur. (ö. der Elbe), so.-, o.-eur., ital., kl.-as., pers. (Jv.: N, St, B, K; Bes.: V, nT, S, O, oT) [16]   Ö

C. frugilegus frugilegus Linné 1758 Syst. Nat., ed. 10, *v.* 1, p. 105. — Hartert, *v.* 1, p. 13.
eur., w.-sibir. (lok. Bv.: N, B; Wg.; Dz.)   Ö

Gatt.: *Coloeus* Kaup 1829

C. monedula soemmeringii (Fischer) 1811 Mém. Soc. Moscou, *v.* 1, p. 3. — Hartert, *v.* 1, p. 17 *(C. m. collaris* Drummond 1846).
o.-eur., w.-sibir. (Dz.)   Ö

C. m. turrium (C. L. Brehm 1831 Handb. Naturg., p. 1088. — Keve 1946 Aquila, *v.* 46/49, p. 181 *(Lycos m.).*
m.-eur. (Jv.)   Ö

---

[16] In N, St u. K, wo *C. corone corone* und *C. c. cornix* auf breiter Zone zusammentreffen kommen Bastarde aller Grade und Farbabstufungen vor.

Gatt.: *Pica* Brisson 1760

P. pica pica (Linné) 1758 Syst. Nat., ed. 10, *v.* 1, p. 106 *(Corvus).* — Hartert, *v.* 1,
  p. 19. — (*P. caudata* Kayserling et Blasius 1840. — *P. europaea* Tschusi
  1877).
m.-eur. (Jv.: V, nT, S, O, N, St, B, K; Bes.: oT)   Ö

Gatt.: *Nucifraga* Brisson 1760

N. caryocatactes caryocatactes (Linné) 1758 Syst. Nat., ed. 10, *v.* 1, p. 106 *(Corvus).* —
  Hartert, *v.* 1, p. 25. — (*Caryocatactes nucifraga* Nilsson 1817).
n.-, m.-, o.-, so.-eur. (montan) (Jv.)   V nT S O N St K oT

N. c. macrorhynchos C. L. Brehm 1823 Lehrb. Naturg., *v.* 1, p. 103. — Hartert, *v.* 1,
  p. 26.
n.-eur., sibir. (Inv.)   Ö

Gatt.: *Garrulus* Brisson 1760

G. glandarius glandarius (Linné) 1758 Syst. Nat., ed. 10, *v.* 1, p. 106 *(Corvus).* — Hartert,
  v. 1, p. 29.
n.-, m.-, so.-eur. (Jv.)   Ö

Gatt.: *Pyrrhocorax* Tunstall 1771

P. graculus graculus (Linné) 1758 Syst. Nat., ed. 10, *v.* 1, p. 158 *(Corvus).* — Hartert,
  v. 1, p. 36. — (*P. alpinus* Vieillot 1816. — *Corvus pyrrhocorax* auct.).
alp., s.-eur., w.-as., nw.-afr. (Jv.)   V nT S O N St K oT

P. pyrrhocorax erythrorhamphus (Vieillot) 1817 N. Dict., n. éd., *v.* 8, p. 2 *(Coracia
  erythrorhamphos).* — Hartert, *v.* 1, p. 35 *(P. p.).* — (*P. graculus* Cuvier 1817. —
  Fregilus graculus).
w.-alp., iber. (selt. Bes.: V, nT, S, O [Almseegebiet Pfeiffer 1887], St? [Höpflinger
1958], K)   V nT S O St? K

Fam.: Paridae
Gatt.: *Parus* Linné 1758

P. ater abietum C. L. Brehm 1831 Handb. Naturg., p. 466. — Niethammer 1943
  J. Orn., *v.* 91. p. 206.
alp., balk. (Jv.)   Ö

P. caeruleus caeruleus Linné 1758 Syst. Nat., ed. 10, *v.* 1, p. 190. — Hartert, *v.* 1,
  p. 347.
eur., kl.-as. (Jv.)   Ö

P. cristatus mitratus C. L. Brehm 1831 Naturg. Vög. Deutschl., p. 467. — Hartert,
  v. 1, p. 364.
m.-eur. (Jv.)   Ö

P. cyanus cyanus Pallas 1770 N. Commentar. Ac. Petrop., *v.* 14/1, p. 588. — Hartert,
  v. 1, p. 352.
o.-eur. (Irrg.: S [Hallein 1875 Tschusi 1915], N [Brigittenau 1830 Marschall et Pelzeln
1882], B [Neusiedlersee 1959 Peters 1960])   S N B

P. major major Linné 1758 Syst. Nat., ed. 10, *v.* 1, p. 189. — Hartert, *v.* 1, p. 341.
eur. (Jv.)   Ö

P. montanus montanus Baldenstein [17] 1827 N. Alpina, *v.* 2, p. 31. — Hartert, *v.* 1,
  p. 380 *(P. atricapillus m.).*
alp. (Jv.)   V nT S O N St K oT

---

[17] Die früher zu einer einzigen Art gestellten neuweltlichen und altweltlichen Weidenmeisen
werden nunmehr als zwei selbständige Formenkreise aufgefaßt, von denen der die neuweltlichen
Rassen einschließende *P. atricapillus* Linné 1766 der die altweltlichen Rassen einschließende
P. montanus Baldenstein 1827 heißt.
  Die von Bauer et Rokitansky 1951 noch für Österreich aufgeführten Subtilformen
P. m. submontanus Kleinschmidt et Tschusi 1913 und *P. m. styriacus* Kleinschmidt 1937
sind nach Vaurie 1959 nicht mehr aufrechtzuerhalten und wurden daher auch hier fallen
gelassen.

P. m. rhenanus Kleinschmidt 1900 Orn. Monber., *v.* 8, p. 168. — Hartert, *v.* 1, p. 377
    (P. atricapillus r.).
w.-eur. (Jv.)   V ?

P. m. salicarius C. L. Brehm 1828 Handb. Naturg., p. 465. — Hartert, *v.* 1, p. 376
    (P. atricapillus s.).
m.-eur. (lok. Jv.)   Ö

P. palustris communis Baldenstein 1827 N. Alpina, *v.* 2, p. 31. — Hartert, *v.* 1, p. 372.
    — *(Poecile p.).*
m.-eur. (Jv.)   Ö

Gatt.: *Remiz* Jarocki 1819

R. pendulinus pendulinus (Linné) 1758 Syst. Nat., ed. 10, *v.* 1, p. 189 *(Motacilla).* —
    Hartert, *v.* 1, p. 389 *(Anthoscopus).* — *(Aegithalus p.).*
eur., w.-kl.-as. (Bv.: O, N, B; Bes.: V, S, St, K)   V S O N St B K

Gatt.: *Aegithalos* Hermann 1804

A. caudatus europaeus (Hermann) 1804 Observ. Zool., p. 214 *(Pipra? europaea).* —
    Hartert, *v.* 1, p. 384. — *(Acredula c. — Parus c. — Mecistura c.).*
m.-eur. (Jv.)   Ö

Gatt.: *Panurus* Koch 1816

P. biarmicus biarmicus (Linné) 1758 Syst. Nat., ed. 10, *v.* 1, p. 190 *(Parus).* — Hartert,
    v. 1, p. 403.
w.-, m.-, s.-eur. (zerstr.) (Ae.: V [Rheineck 1813 Bau 1907], S [Tschusi 1877]) V S

P. b. russicus (C. L. Brehm) 1831 Handb. Naturg., p. 472 *(Mystacinus).* — Hartert,
    v. 1, p. 405.
so.-eur. (Bv.: B [Neusiedlersee]; selt. Bes.: N; Ae.: S, O, St)   S O N St B

Fam.: Sittidae

Gatt.: *Sitta* Linné 1758

S. europaea caesia Wolf 1810 in: Meyer et Wolf, Taschenb. deutsch. Vögelk., p. 128.
    — Hartert, *v.* 1, p. 331.
m.-, so.-eur. (Jv.)   Ö

Fam.: Certhiidae

Gatt.: *Certhia* Linné 1758

C. brachydactyla brachydactyla C. L. Brehm[18] 1820 Beitr. Vögelk., *v.* 1, p. 570. — Hartert,
    v. 1, p. 323.
m.-, so.-eur. (Jv.)   nT S O N St K oT

C. familiaris macrodactyla C. L. Brehm 1831 Handb. Naturg., p. 319.
m.-eur. (Jv.)   Ö

Gatt.: *Tichodroma* Illiger 1811

T. muraria (Linné) 1766 Syst. Nat., ed. 12, *v.* 1, p. 184 *(Certhia).* — Hartert, *v.* 1,
    p. 327. — *(T. phoenicoptera* Temminck 1820).
m.-, s.-eur., sw.-, z.-as. (alpin) (Jv.: V, nT, S, O, N, St, K, oT; Bes.: B)   Ö

Fam.: Troglodytidae

Gatt.: *Troglodytes* Vieillot 1807

T. troglodytes troglodytes (Linné) 1758 Syst. Nat., ed. 10, *v.* 1, p. 188 *(Motacilla).* —
    Hartert, *v.* 1, p. 778. — *(T. parvulus* Koch 1816. — *T. punctatus* Boie 1822. —
    T. europaeus Vieillot 1819).
eur. (Jv.)   Ö

---

[18] In V vermutlich schon die Rasse *C. b. megarhyncha* C. L. Brehm 1831 brütend.

Fam.: Cinclidae

Gatt.: *Cinclus* Borkhausen 1797

C. cinclus meridionalis (A. E. Brehm) [19] 1856 Naumannia, p. 186 *(C. m.)*. — Hartert,
    v. 1, p. 793. — (*C. aquaticus* Bechstein 1803).
alp., dalm. (Jv.)   V nT S O N St K oT

Fam.: Turdidae

Gatt.: *Hylocichla* Baird 1864

H. ustulata (Nuttall) 1840 Man. Orn. U. S., ed. 2, *v.* 1, p. 400 *(Turdus)*. — Ridgway
    1896 Man. N. Amer. B., *v.* 1, p. 575. — (*Turdus palasii* Cabanis 1874).
n.-nearkt. (Irrg.: N? [Wien 1846 Naumann 1905])   N

Gatt.: *Turdus* Linné 1758

T. dauma dauma Latham 1790 Index orn., *v.* 1, p. 1790. — Hartert, *v.* 1. p. 643.
Himalaja (Irrg.: N? [Wien 1871 Pelzeln 1871])   N?

T. d. aureus Hollandre 1825 Annuaire Moselle, p. 60. — Hartert, *v.* 1, p. 642. —
    (*T. varius* Pallas 1827).
o.-pal. (Irrg.: N [Aspang 1847 Marschall et Pelzeln 1882])   N

T. merula merula Linné 1758 Syst. Nat., ed. 10, *v.* 1, p. 170. — Hartert, *v.* 1, p. 665. —
    (*Merula vulgaris* Selby 1833).
eur. (Jv.)   Ö

T. migratorius migratorius Linné 1766 Syst. Nat., ed. 12, *v.* 1, p. 292. — Hartert,
    v. 1, p. 641.
nearkt. (Irrg.: N [Aspang 1820 u. Wien 1846 Marschall et Pelzeln 1882])   N

T. musicus musicus Linné 1758 Syst. Nat., ed. 10, *v.* 1, p. 169. — Hartert, *v.* 1, p. 653.
    — (*T. iliacus* Linné 1766).
n.-euras. (Bv.: nT [Ehrwald 1939 Gerber 1939]; Wg.; Dz.)   Ö

T. naumanni naumanni (Temminck) 1820 Man. Orn., ed. 2, *v.* 1, p. 170. — Hartert,
    v. 1, p. 657.
o.-sibir. (Irrg.: St? [Bauer et Rokitansky 1951])   St?

T. n. eunomus Temminck 1830 Pl. color., p. 514. — Hartert, *v.* 1, p. 658 (*T. fuscatus*
    Pallas 1827).
o.-pal. (Irrg.: N [Wien, vorig. Jahrh. Bauer et Rokitansky 1951], St? [Bauer et
Rokitansky 1951])   N St?

T. philomelos philomelos C. L. Brehm 1831 Handb. Naturg., p. 382.—Hartert, *v.* 1,
    p. 650. — (*T. musicus* auct.).
eurosibir. (Bv.)   Ö

T. pilaris Linné 1758 Syst. Nat., ed. 10, *v.* 1, p. 168. — Hartert, *v.* 1, p. 646.
n.-, m.-eur., n.-as. (sporad. Bv.: V, nT, S, O, N, St; Wg.)   Ö

T. ruficollis ruficollis Pallas 1776 Reise Ruß., *v.* 3, p. 694. — Hartert, *v.* 1, p. 659.
o.-sibir. (Irrg.: N? [Wien 1851 Marschall et Pelzeln 1882])   N?

T. r. atrogularis Jarocki 1819 Spis Ptakow Gab. Zool. Warsz. Uniw., p. 14. — Hartert,
    v. 1, p. 660.
w.-sibir. (Irrg.: N [Wien 1806 u. 1823 Marschall et Pelzeln 1882])   N

T. torquatus torquatus (Linné) 1758 Syst. Nat., ed. 10, *v.* 1, p. 170. — Hartert, *v.* 1
    p. 663.
n.-eur. (Dz.)   Ö

T. t. alpestris (C. L. Brehm) 1831 Handb. Naturg., p. 377 *(Merula)*. — Hartert,
    v. 1, p. 665.
m.-, s.-eur., (alpin) (Bv.)   V nT S O N St K oT

---

[19] Innerhalb der Alpenpopulation treten lokal schwarzbäuchige Individuen, *C. c. alpinus*
Burg 1924, auf, die nur als individuelle Varietät aufzufassen sind.

T. viscivorus viscivorus Linné 1758 Syst. Nat., ed. 10, *v.* 1, p. 168. — Hartert, *v.* 1,
    p. 647.
eur., n.-kl.-as. (Jv.)   Ö

Gatt.: *Monticola* Boie 1822

M. saxatilis (Linné) 1766 Syst. Nat., ed. 12, *v.* 1, p. 294 *(Turdus)*. — Hartert, *v.* 1,
    p. 671. — *(Petrocincla s.)*.
s.-pal. (sporad. Bv.: V?, nT, S, N, St, K, oT; Dz.)
                                      V nT S O N St K oT

M. solitarius solitarius (Linné) 1758 Syst. Nat., ed. 10, *v.* 1, p. 170 *(Turdus)*. — Hartert,
    v. 1, p. 674. — *(M. cyanea* Linné 1766).
s.-eur., v.-as., nw.-afr. (Bv.: K? [Karnische Alp. Koller 1890], O? [Sengsengeb. Höpflinger 1958])   O? K?

Gatt.: *Oenanthe* Vieillot 1816

O. hispanica hispanica (Linné) 1758 Syst. Nat., ed. 10, *v.* 1, p. 186 *(Motacilla)*. —
    Hartert, *v.* 1, p. 685 *(Saxicola)*.
eur., kl.-, z.-as. (Ae.: nT? [Innsbruck 1932 Walde et Neugebauer 1936], S? [Tschusi
1877], St? [Seidensacher 1858 (1859)]])   nT S St

O. oenanthe oenanthe Linné 1758 Syst. Nat., ed. 10, *v.* 1, p. 186 *(Motacilla)*. — Hartert,
    v. 1, p. 679. — *(Saxicola o.)*.
eur., kl.-, z.-as. (Bv.)   Ö

O. o. schiöleri Salomonsen 1927 Ibis, p. 202. — Hartert et Steinbacher 1932—1938
    Vög. pal. Fauna, suppl., p. 310.
o.-grönl., isl., Faröer (selt. Dz.)   Ö

Gatt.: *Saxicola* Bechstein 1802

S. rubetra (Linné) 1758 Syst. Nat., ed. 10, *v.* 1, p. 186 *(Motacilla)*. — Hartert, *v.* 1,
    p. 702 *(Pratincola r. r.)*.
eur., w.-sibir., nw.-afr. (Bv.)   Ö

S. torquata rubicola (Linné) 1766 Syst. Nat., ed. 12, *v.* 1, p. 332 *(Motacilla)*. — Hartert,
    v. 1, p. 706 *(Pratincola)*.
w.-, m.-, s.-eur., nw.-afr. (Bv.: V, N, St, B, K; Dz.)   V nT S O N St B K

Gatt.: *Phoenicurus* Forster 1817

P. ochruros gibraltariensis (Gmelin) 1789 Syst. Nat., *v.* 2, p. 967 *(Motacilla)*. — Hartert,
    v. 1, p. 720. — *(Ruticilla titys* Linné 1758. — *Sylvia titys.* — *Lusciola titys.)*.
eur. (Bv.)   Ö

P. phoenicurus phoenicurus (Linné) 1758 Syst. Nat., ed. 10, *v.* 1, p. 187 *(Motacilla)*.
    — Hartert, *v.* 1, p. 718. — *(Ruticilla p.* — *Lusciola p.)*.
eur., w.-as. (Bv.)   Ö

Gatt.: *Luscinia* Forster 1817

L. megarhynchos megarhynchos C. L. Brehm 1831 Handb. Naturg., p. 356.—Hartert,
    v. 1, p. 733. — *(L. minor* C. L. Brehm 1855. — *Sylvia luscinia* auct.—*Lusciola m.)*,
w.-, m.-, so.-eur., med., kl.-as., nw.-afr. (lok. Bv.: nT, S?, O?, N, St? B, K; Dz.)   Ö

L. m. africana (Fischer et Reichenow) 1884 J. Orn., *v.* 32, p. 182. — Hartert, *v.* 1,
    p. 735.
sw.-as. (Irrg.: S [Salzburg 1944 Bauer et Rokitansky 1951])   S

L. luscinia (Linné) 1758 Syst. Nat., ed. 10, *v.* 1, p. 184 *(Motacilla)*. — Hartert, *v.* 1,
    p. 736. — *(L. philomela* Keller. — *L. major* C. L. Brehm 1831. — *Lusciola l.)*.
o.-eur., w.-as. (Bv.: N [bis Anf. 19. Jahrh. in Auwäldern v. Donau, Thaya u. March]; Dz.)
                                              nT N O B?

L. svecica svecica (Linné) 1758 Syst. Nat., ed. 10, *v.* 1, p. 187 *(Motacilla)*. — Hartert,
    v. 1, p. 745. — *(Cyanecula dichrosterna* Cabanis et Heine 1850. — *Cyanecula
coerulecula* Pallas 1827. — *Lusciniola s.)*.
n.-, o.-eur., w.-sibir. (sporad. Dz.: O [teste Steinparz])   V S O N St B K

L. s. cyanecula (Wolf) 1810 in: Meyer et Wolf, Taschenb. deutsch. Vögelk., *v.* 1, p. 240
  (Sylvia). — Hartert, *v.* 1, p. 748. — *(Cyanecula wolfi* C. L. Brehm 1822. —*Cyanecula leucocyana* C. L. Brehm 1831).
m.-eur. (Bv.: O, N, B; Dz.)   Ö

Gatt.: *Erithacus* Cuvier 1800

E. rubecula rubecula (Linné) 1758 Syst. Nat., ed. 10, *v.* 1, p. 188 *(Motacilla).* — Hartert,
  v. 1, p. 750. — *(Sylvia r. — Lusciola r. — Dandalus r.).*
eur. (Bv.)   Ö

Fam.: Sylviidae

Gatt.: *Locustella* Kaup 1829

L. fluviatilis (Wolf) 1810 in: Meyer et Wolf, Taschenb. deutsch. Vögelk., *v.* 1, p. 229,
  — Hartert, *v.* 1, p. 547. — *(Calamodyta f.).*
n.-, m.-, o.-eur. (Bv.: S [Salzachauen], O [Donauauen], N [Donauauen] St? [Murauen
b. Graz], B [Hansag, selten])   S   O   N   St?   B

L. luscinioides luscinioides (Savi) 1824 N. Giorn. Letter., *v.* 7, p. 341.—Hartert, *v.* 1
  p. 548. — *(Calamoherpe l.).*
w.-, m.-, o.-, s.-eur., Kreta, alger. (Bv.: V? [Fussacher Ried Willi 1961], S [Wallersee],
oN, B [Neusiedlersee]; Ae.: St, K)   S   oN   St   B   K

L. naevia naevia (Boddaert) 1783 Tabl. Pl. Enl., p. 35 *(Motacilla).* — Hartert, *v.* 1,
  p. 551. — *(Calamoherpe locustella* Latham 1790. — *Calamodyta locustella.* —
  Salicaria n.).
o.-eur. (sporad. Bv.: V, S, O, N, B; Dz.)   V   nT   S   O   N   St   B   K

Gatt.: *Lusciniola* Gray 1841

L. melanopogon melanopogon (Temmink) 1823 Pl. color., p. 245 *(Sylvia).* — Hartert,
  v. 1, p. 540.
s.-eur. (Bv.: B [Neusiedlersee]).   B

Gatt.: *Acrocephalus* Naumann 1811

A. arundinaceus arundinaceus (Linné) 1758 Syst. Nat., ed. 10, *v.* 1, p. 170 *(Turdus).*
  — Hartert, *v.* 1, p. 556. — *(A. turdoides* Meyer 1815. — *Salicaria turdina* Gloger
  1842. — *Calamoherpe a.).*
eur., w.-sibir., nw.-afr. (Bv.: V, S, O, N, St, B, K; Dz.)   V   nT   S   O   N   St   B   K

A. a. orientalis (Temminck et Schlegel) 1847 Siebold Fauna Jap., Aves, p. 50 *(Salicaria turdina o.).* — Hartert, *v.* 1, p. 558.
o.-as. (Irrg.: B [Neusiedlersee 1955 Bauer 1956])   B

A. paludicola (Vieillot) 1817 N. Dict., n. éd., *v.* 11, p. 202 *(Sylvia).* — Hartert, *v.* 1,
  p. 568 *(A. aquatica* [Gmelin] 1768). — *(Calamoherpe aquatica.* — *Calamoherpe
  cariceti* Naumann 1821. — *Salicaria aquatica).*
m.-, s.-eur. (Bv.: V?, B [Neusiedlersee]; Dz.)   V   nT   O   N   St   B   K

A. palustris (Bechstein) 1798 in: Latham, Uebers. Vög., *v.* 3, p. 545 *(Motacilla seu
  Sylvia).* — Hartert, *v.* 1, p. 562. — *(Calamodyta p.* — *Calamoherpe p.* — *Salicaria p.).*
m.-, s.-, o.-eur., sw.-as. (Bv.: Ö [oT?])   Ö

A. schoenobaenus (Linné) 1758 Syst. Nat., ed. 10, *v.* 1, p. 184 *(Motacilla).* — Hartert,
  v. 1, p. 566. — *(Calamoherpe phragmitis* Bechstein 1803. — *Salicaria phragmitis).*
w.-pal. (Bv.: V, nT, O, N, St, B; Dz.)   Ö

A. scirpaceus scirpaceus (Hermann) 1804 Observ. Zool., p. 202 *(Turdus).* — Hartert,
  v. 1, p. 560 *(A. strepera strepera* [Vieillot] 1817).
m.-, s.-, so.-eur., nw.-afr. (Bv.: V, nT, S, O, N, St, B, K?, oT?; Dz.)   Ö

Gatt.: *Hippolais* Baldenstein 1827

H. icterina icterina (Vieillot) 1817 N. Dict., n. éd., *v.* 11, p. 194 *(Sylvia).* — Hartert,
  v. 1, p. 570. — *(Hypolais salicaria* Tschusi 1877. — *Phyllopneuste hypolais* auct.).
m.-, n.-, so.-eur., w.-sibir. (Bv.)   Ö

Gatt.: *Sylvia* Scopoli 1758

S. atricapilla atricapilla (Linné) 1758 Syst. Nat., ed. 10, *v.* 1, p. 187 *(Motacilla).* —
    Hartert, *v.* 1, p. 583.
eur., kl.-as., nw.-afr. (Bv.)   Ö

S. borin (Boddaert) 1783 Tabl. Pl. Enl., p. 35 *(Motacilla).* — Hartert, *v.* 1, p. 582.
    — (*S. hortensis* auct. nec Gmelin).
eur., w.-sibir. (Bv.)   Ö

S. communis communis Latham 1787 Gen. Synopsis, suppl., *v.* 1, p. 287. — Hartert,
    v. 1, p. 586. — (*S. cinerea* Bechstein 1803. — *S. sylvia* Eder 1908).
eur., n.-afr. (Bv.)   Ö

S. curruca curruca (Linné) 1758 Syst. Nat., ed. 10, *v.* 1, p. 184 *(Motacilla).* — Hartert,
    v. 1, p. 588.
eur., w.-, n.-kl.-as., n.-pers. (Bv.)   Ö

S. hortensis hortensis (Gmelin) 1788 Syst. Nat., *v.* 1, p. 955 *(Motacilla).* — Hartert,
    v. 1, p. 580.
w.-, s.-eur., n.-afr. (Ae.: nT [Innsbruck 1910 Tratz 1910], B. [Neusiedlersee 1955 Corti
1956])   nT B

S. nisoria nisoria (Bechstein) 1795 Kurzgef. Naturg., *v.* 4, p. 580 *(Motacilla).* —
    Hartert, *v.* 1, p. 578.
m.-, o.-eur., n.-kl.-as., kaukas., n.-pers., z.-as. (Bv.: nT, N, B, K, oT; Dz.)
                                       nT S O N B K oT

Gatt.: *Phylloscopus* Boie 1826

P. bonelli bonelli (Vieillot) 1819 N. Dict., n. éd., *v.* 28, p. 91 *(Sylvia).* — Hartert,
    v. 1, p. 513. — (*Phyllopneuste albicans* Baldenstein 1827. — *Phyllopneuste montana*
    C. L. Brehm 1831).
m.-, s.-eur., nw.-afr. (lok. Bv.)   V nT S O N St B? K oT

P. collybita collybita (Vieillot) 1817 N. Dict., n. éd., *v.* 11, p. 235 *(Sylvia).* — Hartert,
    v. 1, p. 501. — (*Phyllopneuste rufa* auct.).
w.-, m.-, s.-eur. (Bv.)   Ö

P. c. abietinus (Nilson) 1819 Vetensk. Ac. Handl., p. 115 *(Sylvia).* — Hartert, *v.* 1,
    p. 503 *(P. c. abietina).*
o.-eur. (Dz.)   Ö

P. c. tristis Blyth 1843 J. P. Asiat. Soc. Bengal, *v.* 12, p. 966. — Hartert, *v.* 1, p. 503.
w.-sibir. (Irrg.: N [Wien 1952 Rokitansky 1952])   N

P. inornatus inornatus (Blyth) 1842 J. P. Asiat. Soc. Bengal., *v.* 11, p. 191 *(Regulus).* —
    Hartert, *v.* 1, p. 518 (*P. superciliosus s.* Gmelin 1788).
n.-sibir. (Irrg.: N [Wien 1836 Bauer et Rokitansky 1951, Wien 1959? Peters 1960])
                                              N

P. sibilatrix (Bechstein) 1793 Naturf. Halle, *v.* 27, p. 47 *(Motacilla).* — Hartert,
    v. 1, p. 515. — (*Phyllopneuste sibilator* Hanf 1883).
eur. (Bv.: V, nT, S, O, N, St, oT; Dz.: B, K)   Ö

P. trochilus acredula (Linné) 1758 Syst. Nat., ed. 10, *v.* 1, p. 189 *(Motacilla A.).* —
    Hartert et Steinbacher 1932—1938 Vög. pal. Fauna, suppl., p. 241.
no.-eur. (Dz.)   Ö

P. t. fitis (Bechstein) 1793 Naturf. Halle, *v.* 27, p. 50 *(Motacilla F.).* — Hartert
    et Steinbacher 1932—1938 Vög. pal. Fauna, suppl., p. 241.
m.-, s.-eur. (Bv.)   Ö

Fam.: Regulidae

Gatt.: *Regulus* Cuvier 1800

R. ignicapillus ingnicapillus (Temminck) 1820 Man. Orn., ed. 2, *v.* 1, p. 231 *(Sylvia).* —
    Hartert, *v.* 1, p. 398 *(R. ignicapilla ignicapilla).*
m.-, s.-eur., med. (lok. Bv.: V, nT, S, O, N, St, K, oT; Dz.)   Ö

R. regulus regulus (Linné) 1758 Syst. Nat., ed. 10, *v.* 1, p. 188 *(Motacilla).* — Hartert,
    v. 1, p. 394. — (*R. cristatus* Koch 1816. — *R. flavicapillus* Naumann 1823. —
    R. superciliosus Marschall et Pelzeln 1882).
eur., kl.-as., kaukas. (Bv.)   Ö

Fam.: Muscicapidae

Gatt.: *Muscicapa* Brisson 1760

M. striata striata (Pallas) 1764 in: Vroeg, Adumbr., p. 3 *(Motacilla)*. — Hartert,
v. 1, p. 475. — (*M. grisola* Linné 1766. — *Butalis grisola*).
eur., n.-afr. (Bv.)   Ö

Gatt.: *Ficedula* Brisson 1760

F. albicollis albicollis (Temminck) 1815 Man. Orn., p. 100 *(Muscicapa)*. — Hartert,
v. 1, p. 483 (*Muscicapa collaris* Bechstein 1795).
m.-, so.-eur. (lok. Bv.: V, O, N, St, B, oT?; Dz.)   V S O N St B K oT

F. hypoleuca hypoleuca (Pallas) 1764 in: Vroeg, Adumbr., p. 3 *(Motacilla)*. — Hartert,
v. 1, p. 480 (*Muscicapa atricapilla a.* Linné 1766). — (*Motacilla atricapilla*. —
Emberiza luctuosa Scopoli 1769. — *Motacilla luctuosa*).
eur., w.-sibir. (lok. Bv.: V, O, N, St, B?; Dz.)   Ö

F. parva parva Bechstein 1794 in: Latham, Uebers. Vög., v. 2, p. 356. — Hartert,
v. 1, p. 485 *(Muscicapa p. p.)*. — *(Erythrosterna p.)*.
m.-, o.-eur., kaukas., n.-pers. (lok. Bv.: nT, S, O, N, St; Dz.)
                                                nT S O N St B K oT?

Fam.: Prunellidae

Gatt.: *Prunella* Vieillot 1816

P. collaris collaris (Scopoli) 1769 Annus I. hist. nat., p. 131 *(Sturnus)*. — Hartert,
v. 1, p. 762. — (*Accentor alpinus* Gmelin 1789).
m.-, s.-eur., marokk. (alpin) (Bv.)   V nT S O N St K oT

P. modularis modularis (Linné) 1758 Syst. Nat., ed. 10, v. 1, p. 184 *(Motacilla)*. —
Hartert, v. 1, p. 772. — *(Accentor m.)*.
eur. (Bv.)   Ö

Fam.: Motacillidae

Gatt.: *Anthus* Bechstein 1805

A. campestris campestris (Linné) 1758 Syst. Nat., ed. 10, v. 1, p. 166 *(Alauda)*. — Hartert,
v. 1, p. 267. — *(Agrodroma c.)*.
w.-pal. (lok. Bv.: V, N, B; Dz.)   V S O N St B K oT

A. cervinus (Pallas) 1811 Zoogr. Rosso-Asiat., v. 1, p. 511 *(Motacilla Cervina)*. —
Hartert, v. 1, p. 277 *(A. cervina)*. — (*A. rufogularis* C. L. Brehm 1831).
n.-euras. (Bv.: K [Zusammenfl. v. Gail u. Valentin 1884 Keller 1890]; selt. Dz.)
                                                       S O St B K

A. pratensis (Linné) 1758 Syst. Nat., ed. 10, v. 1, p. 166 *(Alauda)*. — Hartert, v. 1,
p. 275.
eur., w.-sibir. (Bv.: V, nT?, B? [Neusiedlersee]; Dz.)   Ö

A. richardi richardi Vieillot 1810 N. Dict., n. éd., v. 26, p. 491. — Hartert, v. 1, p. 265.
— *(Corydalla r.)*.
z.-as., sibir. (Ae.)   V S N St B

A. spinoletta spinoletta (Linné) 1758 Syst. Nat., ed. 10, v. 1, p. 166 *(Alauda)*. — Hartert,
v. 1, p. 279. — (*A. aquaticus* Bechstein 1807).
m.-, s.-eur., kl.-as. (alpin) (Bv.: V, nT, S, O, N, St, K, oT; Dz.)   Ö

A. s. littoralis C. L. Brehm 1831 Handb. Naturg., p. 331. — Hartert, v. 1, p. 284.
n.-eur. (Ae.: St [Saazer Teich 1951 Anschau, Bernhauer, Kepka et Kupka 1954])
                                                                                      St

A. trivialis trivialis (Linné) 1758 Syst. Nat., ed. 10, v. 1, p. 166 *(Alauda)*. — Hartert,
v. 1, p. 272. — (*A. arboreus* Bechstein 1807).
eur., n.-kl.-as., kaukas., n.-pers. (Bv.)   Ö

Gatt.: *Motacilla* Linné 1758

M. alba alba Linné 1758 Syst. Nat., ed. 10, *v.* 1, p. 185. — Hartert, *v.* 1, p. 302.
eur., kl.-as. (Bv.)   Ö

M. a. yarellii Gould 1837 Mag. nat. Hist., n. s., *v.* 1, p. 460. — Hartert, *v.* 1, p. 301
   (M. a. lugubris Temminck 1820).
w.-eur. (Ae.)   N B?

M. cinerea cinerea Tunstall 1771 Orn. Brit., p. 2. — Hartert, *v.* 1, p. 298 (*M. boarula b.*
   Linné 1771). — (*M. sulphurea* Bechstein 1807).
nw.-afr., eur. (Bv.)   Ö

M. flava flava Linné 1758 Syst. Nat., ed. 10, *v.* 1, p. 185. — Hartert, *v.* 1, p. 287. —
   (Budytes f.).
m.-, o.-eur. (Bv.: V [Fussacher Ried Willi 1961], S ?, O ?, N, B; Dz.)   Ö

M. f. cinereocapilla Savi 1831 N. Giorn. Letter., nr. 57, p. 190. — Hartert, *v.* 1, p. 292.
ital., alger. (Bv.: S [Zell a. See 1961 Ausobsky 1962]; Ae.: nT [Kufstein 1925 Walde
et Neugebauer 1936])   nT S

M. f. feldegg Michahelles 1830 Isis, p. 812. — Hartert, *v.* 1, p. 295 (*M. flava melanocephala* Lichtenstein 1823). — (*Budytes nigricapilla* Bonaparte 1850).
balk., sw.-as. (Ae.: O [Wels 1932 Niethammer 1942], St [Kapellen 1932 Niethammer
1942])   O St

M. f. thunbergi Billberg 1828 Syn. Scand., I, *v.* 2, Aves, p. 50. — Hartert, *v.* 1, p. 291
   (*M. f. borealis* Sundeval 1840). — *(Budytes borealis).*
n.-eur., w.-sibir. (selt. Dz.)   Ö

Fam.: Bombycillidae

Gatt.: *Bombycilla* Vieillot 1808

B. garrulus garrulus (Linné) 1758 Syst. Nat., ed. 10, *v.* 1, p. 95 *(Lanius).* — Hartert,
   v. 1, p. 456. — *(Ampelis g.).*
n.-eurosibir. (unregelm. Wg.)   Ö

Fam.: Laniidae

Gatt.: *Lanius* Linné 1758

L. collurio collurio Linné 1758 Syst. Nat., ed. 10, *v.* 1, p. 94. — Hartert, *v.* 1, p. 439. —
   (*L. spinitorques* Bechstein 1791. — *Enneoctonus c.*).
eur., kl.-as., w.-sibir. (Bv.)   Ö

L. excubitor excubitor Linné 1758 Syst. Nat., ed. 10, *v.* 1, p. 94. — Hartert, *v.* 1, p. 418.
   — (*L. major* Gmelin 1788).
eur., w.-sibir. (Wg.)   Ö

L. e. galliae Kleinschmidt 1917 Falco, *v.* 13, p. 24. — Hartert, *v.* 3, p. 2130.
w.-, m.-eur. (Jv.: V, S, O, N, K; Wg.: nT, St, B, oT)   Ö

L. e. melanopterus A. E. Brehm 1860 J. Orn., *v.* 8, p. 238. — Hartert, *v.* 3, p. 2130.
n.-eur. (selt. Wg.)   S O N St B K

L. minor Gmelin 1788 Syst. Nat., ed. 13, *v.* 1, p. 308. — Hartert, *v.* 1, p. 416.
m.-, so.-eur., kl.-as., pers., w.-sibir. (lok. Bv.: V, S, O, N, St, B, K, oT; selt. Dz.: nT) Ö

L. senator senator Linné 1758 Syst. Nat., ed. 10, *v.* 1, p. 94. — Hartert, *v.* 1, p. 434. —
   (*L. ruficeps* Pallas 1764. — *L. rufus* Gmelin 1788. — *Enneoctonus rufus*).
m.-, s.-eur., kl.-as. (lok. Bv.: V, nT, O, N, K; Dz.)   Ö

Fam.: Sturnidae

Gatt.: *Sturnus* Linné 1758

S. roseus (Linné) 1758 Syst. Nat., ed. 10, *v.* 1, p. 170 *(Turdus).* — Hartert, *v.* 1, p. 47
   (Pastor r.).
so.-eur., sw.-as. (Ae.)   nT S O N St B K

S. unicolor Temminck 1820 Man. Orn., p. 133. — Hartert, *v.* 1, p. 46.
s.-eur., n.-afr. (Ae.: K? [Klagenfurt 1860 Keller 1890])   K?

S. vulgaris vulgaris Linné 1758 Syst. Nat., ed. 10, *v.* 1, p. 167. — Hartert, *v.* 1, p. 41.
eur. (Bv.)   Ö

Fam.: Fringillidae

Gatt.: *Coccothraustes* Brisson 1760

C. coccothraustes coccothraustes (Linné) 1758 Syst. Nat., ed. 10, *v.* 1, p. 55 *(Loxia)*. —
    Hartert, *v.* 1, p. 55. — *(C. vulgaris* Pallas 1811).
eur., w.-as. (Jv.: nT, S, O, N, St, B, K, oT; Dz.)   Ö

Gatt.: *Carduelis* Brisson 1760

C. cannabina cannabina (Linné) 1758 Syst. Nat., ed. 10, *v.* 1, p. 182 *(Fringilla)*. —
    Hartert, *v.* 1, p. 73 *(Acanthis)*. — *(Cannabina sanguinea* Keller 1890).
eur. (Jv.)   Ö

C. carduelis carduelis (Linné) 1758 Syst. Nat., ed. 10, *v.* 1, p. 180 *(Fringilla)*.—Hartert,
    v. 1, p. 67 *(Acanthis)*. — *(C. elegans* Stephens 1826).
n.-, m.-eur. (Jv.)   Ö

C. chloris chloris (Linné) 1758 Syst. Nat., ed. 10, *v.* 1, p. 147 *(Fringilla)*. — Hartert,
    v. 1, p. 61. — *(Ligurinus c.)*.
n.-, m.-eur. (Jv.)   Ö

C. citrinella citrinella (Pallas) 1764 in: Vroeg, Adumbr., p. 3 *(Fringilla)*. — Hartert,
    v. 1, p. 81 *(Acanthis)*. — *(Citrinella alpina* Bonaparte 1824).
m.-, s.-eur. (subalpin) (Jv.: V, nT, S [Remold 1958], sK; Ae. [Bv. ?]: N [Schneeberg
1901 Schuster 1902], St [Hartberg 1849, 1850 Seidensacher 1859]; Dz.: oT)
                                                    V nT S N St sK oT

C. flammea flammea (Linné)[20] 1758 Syst. Nat., ed. 10, *v.* 1, p. 182 *(Fringilla)*.—Hartert,
    v. 1, p. 77 *(Acanthis)*. — *(Linaria alnorum* C. L. Brehm 1831).
n.-holarkt. (Wg.)   Ö

C. f. cabaret (P. L. S. Müller) 1776 Naturs. Linné, suppl., p. 165 *(Fringilla)*. — Hartert,
    v. 1, p. 80 *(Acanthis)*. — *(Linaria rufescens* Vieillot 1816).
alp. (montan) (Jv.)   V nT S O N St K oT

C. f. rostrata (Coues) 1861 P. Ac. Philad., p. 378. — Hartert, *v.* 1, p. 80 *(Acanthis
    f. rostratus)*.
s.-grönl. (Irrg.: N (Wien 1954 Rokitansky 1956)   N

C. flavirostris flavirostris (Linné) 1758 Syst. Nat., ed. 10, *v.* 1, p. 182 *(Fringilla)*. —
    Hartert, *v.* 1, p. 76 *(Acanthis)*. — *(Fringilla montium* Gmelin 1788).
n.-eur. (selt. Wg.)   V nT O N St B K

C. spinus (Linné) 1758 Syst. Nat., ed. 10, *v.* 1, p. 181 *(Fringilla)*. — Hartert, *v.* 1,
    p. 71 *(Acanthis)*. — *(Chrysomitris s.)*.
n.-, m.-, so.-eur., n.-kl.-as., n.-pers., o.-as. (Bv.: V, nT, S, O, N, St, K, oT; Wg.)   Ö

Gatt.: *Serinus* Koch 1816

S. serinus serinus (Linné) 1766 Syst. Nat., ed. 12, *v.* 1, p. 320 *(Fringilla)*. — Hartert,
    v. 1, p. 83 *(S. canaria s.)*. — *(S. hortulanus* Koch 1816. — *Pyrrhula s.)*.
m.-, s.-eur., med. (Bv.)   Ö

Gatt.: *Pyrrhula* Brisson 1760

P. pyrrhula pyrrhula (Linné) 1758 Syst. Nat., ed. 10, *v.* 1, p. 171 *(Fringilla)*. — Hartert,
    v. 1, p. 93. — *(P. major* C. L. Brehm 1831).
n.-s.-eur., karp. (Wg.)   Ö

---

[20] Die gelegentlich als Wg auftretende, in ihrer taxonomischen Stellung umstrittene *C. f.
holboellii* (C. L. Brehm) 1831 mit etwas längerem Schnabel und ebensolchen Flügeln als bei der
Nominatform wird am besten als individuelle Varietät der letzteren aufgefaßt, von Vaurie
1959 jedenfalls nicht mehr als valide Rasse aufrechterhalten.

P. p. europaea Vieillot 1816 N. Dict., n. éd., *v.* 4, p. 286. — Hartert, *v.* 1, p. 94. —
  (*P. vulgaris* Temminck 1820).
w.-, m.-eur. (Jv.)   Ö

Gatt.: *Carpodacus* Kaup 1829

C. erythrinus erythrinus (Pallas) 1770 N. Commentar. Ac. Petrop., *v.* 14, p. 587 *(Loxia)*.
  — Hartert, *v.* 1, p. 106 *(C. erythrina erythrina)*.
n.-eur., w.-sibir. (Ae. [Bv. ?]: N [St. Pölten 1869 Bauer et Rokitansky 1951])   N

C. roseus (Pallas) 1776 Reise Ruß., *v.* 3, p. 699 *(Fringilla)*. — Hartert, *v.* 1, p. 105
  (C. rosea).
w.-sibir. (Irrg.: nT ?, N ? [Bauer et Rokitansky 1951])   nT ? N ?

Gatt.: *Bucanetes* Cabanis 1851

B. githagineus (Lichtenstein) 1823 Verz. Doubl., p. 24 *(Fringilla)* (subspec. ?). —
  Hartert, *v.* 1, p. 88 *(Erythrospiza githaginea githaginea)*.
n.-afr. (Irrg.: V [Lustenau 1907 Burg 1926])   V

Gatt.: *Pinicola* Vieillot 1807

P. enucleator enucleator (Linné) 1758 Syst. Nat., ed. 10, *v.* 1, p. 171 *(Loxia)*. — Hartert,
  v. 1, p. 114. — *(Corythus e.)*.
n.-eurosibir. (Ae.: N ? [Marschall et Pelzeln 1882])   N ?

Gatt.: *Loxia* Linné 1758

L. curvirostra curvirostra Linné 1758 Syst. Nat., ed. 10, *v.* 1, p. 171. — Hartert, *v.* 1,
  p. 117.
n.-, m.-, o.-eur., kl.-as. (Jv.)   Ö

L. leucoptera bifasciata (C. L. Brehm) 1827 Ornis, *v.* 3, p. 85 *(Crucirostra)*. — Hartert,
  v. 1, p. 123.
n.-eur., sibir. (Ae.)   nT S O N K

L. pytyopsittacus pytyopsittacus Borckhausen 1793 Rhein. Mag., *v.* 1, p. 139. — Hartert,
  v. 1, p. 122.
n.-eur. (selt. Wg.)   V nT S O N St K

L. p. estiae Piiper et Härms 1922 Acta Commentat. Univ. Dorpat, *v.* 4, p. 3. — Hartert
  et Steinbacher 1932—1938 Vög. pal. Fauna, suppl., p. 69.
skand. (Ae.: nT [Innsbruck 1887])   nT*

Gatt.: *Fringilla* Linné 1758

F. coelebs coelebs [21] Linné 1758 Syst. Nat., ed. 10, *v.* 1, p. 179. — Hartert, *v.* 1, p. 125.
eur. (Bv.)   Ö

F. montifringilla Linné 1758 Syst. Nat., ed. 10, *v.* 1, p. 179. — Hartert, *v.* 1, p. 130.
n.-eurosibir. (Wg.)   Ö

Gatt.: *Emberiza* Linné 1758 [22]

E. caesia Cretzschmar 1826 in: Rüppell, Atl. Reise Afr., Vögel, p. 17. — Hartert,
  v. 1, p. 182.
so.-eur., kl.-as. (Ae.: N ? [Wien 1. Hälfte 19. Jahrh. Marschall et Pelzeln 1882])   N ?

E. calandra calandra Linné 1758 Syst. Nat., ed. 10, *v.* 1, p. 176. — Hartert, *v.* 1, p. 165.
  — (*E. miliaria* Linné 1766. — *Miliaria europaea* Swainson 1837).
w.-, sw.-pal. (lok. Bv.: nT, S, O ?, N, St, B, K, oT; Dz.)   Ö

E. cia cia Linné 1766 Syst. Nat., ed. 12, *v.* 1, p. 310. — Hartert, *v.* 1, p. 183.

---

[21] Die von Bauer et Rokitansky 1951 noch für Österreich aufgeführte Rasse *F. c. hortensis*
C. L. Brehm 1831 wird nach den Untersuchungen Vauries 1959 nicht mehr anerkannt und wurde
daher auch hier fallen gelassen.
[22] Das von Bauer et Rokitansky 1951 für Österreich angenommene Vorkommen von
E. rustica rustica Pallas 1776 wurde wegen Unsicherheit der Herkunft des Belegstückes hier
fallen gelassen.

m.-eur. (zerstr.), s.-eur., kl.-as. (xerothermophil, petrophil) (lok. Bv.: nT, N, K, oT;
Ae.: V, S, O, St)   V nT S O N St K oT

E. cirlus Linné 1766 Syst. Nat., ed. 12, *v.* 1, p. 311. — Hartert, *v.* 1, p. 175.
w.-, m.-, s.-eur., med., kl.-as., nw.-afr. (sporad. Bv.: V, N [Mödling 1937 Lugitsch
1937], St [Feldkirchen b. Graz 1841 Seidensacher 1862, Graz 1842 Seidensacher
1859]; Ae.: O)   V O N St

E. citrinella citrinella Linné 1758 Syst. Nat., ed. 10, *v.* 1, p. 177. — Hartert, *v.* 1, p. 167.
w.-, n.-, m.-eur. (Jv.)   Ö

E. hortulana Linné 1758 Syst. Nat., ed. 10, *v.* 1, p. 177. — Hartert, *v.* 1, p. 180.
eur. (zerstr), med., sw.-as., nw.-afr. (sporad. Bv.: V, nT, O [Kremsmünster 1854 Brittinger 1866], N, St [Graz 1840 Seidensacher 1862], B, K, oT; Ae. [Bv.?]: S)   Ö

E. leucocephala leucocephala S. G. Gmelin 1747 N. Commentar. Ac. Petrop., *v.* 15,
p. 480. — Hartert, *v.* 1, p. 169 *(E. leucocephalos)*. — *(E. pithyornus* Pallas 1773).
sibir. (Irrg.: N [Wien 1834 u. 1866 Bauer et Rokitansky 1951])   N

E. pusilla Pallas 1776 Reise Ruß., *v.* 3, p. 697. — Hartert, *v.* 1, p. 188.
n.-eur., w.-sibir. (Ae.: N [Wien 1850 Marschall et Pelzeln 1882, Wien 1893 Perzina
1897], B [Neusiedlersee Bauer 1954], K? [Klagenfurt 1956 Zapf1956])   N B K?

E. schoeniclus schoeniclus [23] (Linné) 1758 Syst. Nat., ed. 10, *v.* 1, p. 182 *(Fringilla s.)*
— Hartert, *v.* 1, p. 194. — *(Schoenicla s.)*.
n.-, m.-eur. (Dz.)   Ö

E. s. intermedia Degland 1831 Orn. Eur., *v.* 1, p. 164. — Hartert, *v.* 1, p. 197 *(E. s.
canneti* C. L. Brehm 1855). — *(E. s. compilator* Mathews et Iredale 1920. —
E. s. stresemanni Steinbacher 1930).
s.-, so.-eur., w.-kaukas., no.-kl.-as. (Bv.: V, nT, S, O, N, St, B, K; Dz.)   Ö

E. s. reiseri [24] Hartert 1910 Vög. pal. Fauna, *v.* 1, p. 199. — *(E. palustris* Hanf 1883)
s.-jugosl., s.-alb., n.-griech. (Ae.: St [Mariahof 1881 Hanf 1883])   St

Gatt.: Calcarius Bechstein 1803

C. lapponicus lapponicus (Linné) 1758 Syst. Nat., ed. 10, *v.* 1, p. 180 *(Fringilla)*. —
Hartert, *v.* 1, p. 200 *(C. lapponica lapponica)*. — *(Plectrophanes calcarata* Pallas
1773).
n.-holarkt. (Ae.: nT [Birgitz b. Christenrücken 1950 Handel-Mazetti 1951], B) nT B

Gatt.: Plectrophenax Stejneger 1882

P. nivalis nivalis (Linné) 1758 Syst. Nat., ed. 10, *v.* 1, p. 176 *(Emberiza)*. — Hartert,
v. 1, p. 202 *(Passerina)*. — *(Plectrophanes n.)*.
n.-holarkt. (selt. Wg.)   V nT S O N St B K

Fam.: Passeridae

Gatt.: *Passer* Brisson 1760

P. domesticus domesticus (Linné) 1758 Syst. Nat., ed. 10, *v.* 1, p. 103 *(Fringilla domestica)*. — Hartert, *v.* 1, p. 147 *(P. domestica domestica)*.
eur. (Jv.)   Ö

---

[23] Die von Bauer et Rokitansky 1951 für Österreich noch aufgeführten Rassen *E. s.
compilator* Mathews et Iredale 1920, *E. s. palustris* Savi 1829, *E. s. steinbacheri* Dementiev
1937 und *E. s. stresemanni* Steinbacher 1930 werden von Vaurie 1959 nicht mehr als valide
Rassen anerkannt, daher auch hier ignoriert, bzw. als Synonyme eingezogen.

Nach Bauer et Rokitansky 1951 gehören die am Bodensee brütenden Rohrammern
zu *E. s. schoeniclus* Linné 1758, wegen der von Westen nach Osten allmählich fortschreitenden
klinalen Variation, die eine klare Trennung nicht zuläßt, rechnet man jedoch am besten alle in
Österreich brütenden Rohrammern zu *E. s. intermedia* Degland 1831.

[24] Von Bauer et Rokitansky 1951 noch zu der damals valid gewesenen Rasse *E. s. palustris* Savi 1829 gestellt, auf Grund der von Hanf 1883 jedoch betonten Körpergröße und Schnabel-
dicke aber sicher zu *E. s. reiseri* Hartert 1910 zu rechnen.

P. domesticus italiae (Vieillot) 1817 N. Dict., n. éd., *v.* 12, p. 199 *(Fringilla i.).* —
   Hartert, *v.* 1, p. 152 *(P. i.).* — *(P. cisalpinus* Temminck 1820.)
ital. (lok. Bv.: nT, K [Klagenfurt 1911 Schiebel 1920]) nT K

P. montanus montanus (Linné) 1758 Syst. Nat., ed. 10, *v.* 1, p. 183 *(Fringilla montana).*
   — Hartert, *v.* 1, p. 160 *(P. montana montana).*
eur. (Jv.) Ö

Gatt.: *Montifringilla* C. L. Brehm 1828

M. nivalis nivalis (Linné) 1766 Syst. Nat., ed. 12, *v.* 1, p. 321 *(Fringilla).* — Hartert
   v. 1, p. 132.
alp., pyren., apenn., so.-eur. (alpin) (Jv.) V nT S O N St K oT

Gatt.: *Petronia* Kaup 1829

P. petronia petronia (Linné) 1766 Syst. Nat., ed. 12, *v.* 1, p. 822 *(Fringilla).* — Hartert,
   v. 1, p. 141. — *(Pyrgita p.).*
s.-eur. (Ae.: V [Ruggburg 1906 Bau 1906], nT [Zemmtal 1954 Bauer, Hoffmann,
Lunau et Murr 1955], S [Bauer, Hoffmann, Lunau et Murr 1955], N [Wachau
fide Antonius, Wien? Fournes 1934) V nT S N

Literatur

Abensperg-Traun, O., 1955. Seeadler. Falkner, fasc. 5, p. 1—3. — Abensperg-Traun,
C., 1960. Ornithologische Beobachtungen zwischen Maria-Ellend und Petronell. Egretta, *v.* 3,
p. 22—24. — Adametz, E., 1950. Die Einwanderung und Ausbreitung der Türkentaube in
Österreich von 1943 bis 1949. Orn. Ber., *v.* 2, p. 85—97. — Adametz, E., 1951. Störche in Offen-
hausen. Natur u. Land, *v.* 37, p. 90. — Adametz, E., 1952. Ein neuer Einwanderer in unsere
Ornis. Vogelk. Nachr. Österr., nr. 2, p. 1—4. — Adametz, E., 1955. Ein Brutvorkommen
vom Rötelfalk (Falco n. naumanni Fleischer) in Niederösterreich. Ibid., nr. 5, p. 10—11. —
Adametz, E., u. Stresemann, E., 1948. Rasche Ausbreitung der Türkentaube in Mittel-
europa. Biol. Zentralbl., *v.* 67, p. 361—366. — Adler, O., 1939. Von der Wacholderdrossel.
Bl. Naturk. Naturschutz, *v.* 26, p. 156. — Adler, O., 1951. Steinwälzer am Traunsee. Natur
u. Land, *v.* 38, p. 21. — Adler, O., 1953. Thorshühnchen (Phalaropus fulicarius) im Binnenland
Österreichs. Orn. Mt., *v.* 5, p. 55. — Adler, O., 1955. Dreizehenmöwe (Rissa tridactyla) in
Oberösterreich. Ibid., *v.* 7, p. 210—211. — Adler, O., 1956. Sterntaucher (Gavia stellata) in
ca. 2000 m Seehöhe. Ibid., *v.* 8, p. 35. — Adlmannseder, A., 1958. Vogelbeobachtungen.
Vogelk. Nachr. Österr., nr. 8, p. 8. — Adlmannseder, A., 1961. Vogelkundliches aus der
Gegend von Purgstall (N. Ö.). Uns. Heimat, *v.* 31, p. 203—208. — Aichhorn, A., 1961. Vogelkundliche Beobachtungen am Zeller-See von 1959 bis 1961. Vogelk. Ber. Inform. Salzburg,
nr. 8, p. 3—15. — Altner, H., 1957. Ornithologische Beobachtungen in Kärnten. Orn. Mt.,
v. 9, p. 109—111. — Ammann, J., 1906. Zoologische Beobachtungen auf alpinen Höhen zur
kalten Jahreszeit. Natur u. Offenbar., *v.* 52, p. 270—279. — Ammann, J., 1907. Die Stein-
hühner der Alpen. Ibid., *v.* 53, p. 540—544. — Amon, R., 1931. Die Tierwelt Niederösterreichs.
Geographische Verbreitung. Folge 1 (40 Karten in Farbendruck, mit Benutzung des Erhebungs-
materials des N. Ö. Landesmuseums). Verl. C. Reichert, Wien. — Amon, R., Anschau, M.,
Bernhauer, W., Heran, H., Kepka, V., Morawetz, H., Schuster, R., u. Skringer, H.,
1955. Allgemeine faunistische Nachrichten aus Steiermark (II). Mt. Ver. Steierm., *v.* 85, p. 5—15.
— Angele, Th., 1909. Ardea alba in Oberösterreich. Orn. Jahrb., *v.* 20, p. 78. — Angele, Th.,
1910. Aquila clanga in Oberösterreich erlegt. Ibid., *v.* 21, p. 60. — Angele, Th., u. Kněžoureck,
K., 1911. Die Ringelgans in Oberösterreich und Böhmen. Orn. Jahrb., *v.* 22, p. 65. — Anony-
mus, 1881. Pelikane in Niederösterreich. Mt. orn. Ver. Wien, *v.* 5, p. 91. — Anonymus, 1891.
Schneeammern in Niederösterreich. Ibid., *v.* 15, p. 27. — Anonymus, 1892. Zwergtrappen
in Österreich. Ibid., *v.* 16, p. 38. — Anonymus, 1901. Weißköpfiger Geier (Vultur fulvus L.)
in Oberkärnten. Carinthia II, *v.* 91, p. 184. — Anonymus, 1930. Beobachtungen in den Tiroler
Alpen. Mt. Vogelwelt, *v.* 29, p. 34—35. — Anonymus, 1935. Nachtigallen im Wienerwald.
Bl. Naturk. Naturschutz, *v.* 22, p. 92. — Anonymus, 1960. Die Kormorankolonie von Marchegg
zerstört. Natur u. Land, *v.* 46, p. 33. — Anschau, M. J., 1956. Der Kiebitz, Vanellus vanellus
(L.) als Durchzügler und Brutvogel in der Steiermark. Mt. Landesmus. Joanneum Graz, fasc. 5,

p. 13—28. — Anschau, M. J., 1958. Der Odinswassertreter, Phalaropus lobatus L., als Durchzügler am Alpenostrand. Österr. Arbeitskr. Wildtierforsch., Jahrb. 1958, p. 24. — Anschau, M. J., 1958. Die bisherigen Beobachtungen der Beutelmeise (Remiz pendulinus L.) in der mittleren Steiermark. Egretta, v. 1, p. 24—26. — Anschau, M. J., 1959. Der Graureiher (Ardea cinerea) als Brutvogel in der Steiermark. Österr. Arbeitskr. Wildtierforsch., Jahrb. 1959, p. 22—27. — Anschau, M. J., 1960. Vertebrata. Aves. Ornithologische Beobachtungen aus der Steiermark (5. Folge: 1957). Österr. Arbeitskr. Wildtierforsch. In: Allg. faun. Nachr. Steierm. Mt. Ver. Steierm., v. 90, p. 8—11. — Anschau, M. J., Bernhauer, W., Kepka, O., u. Kupka, E., 1954. Allgemeine faunistische Nachrichten aus Steiermark. Ibid., v. 84, p. 15—24. — Anschau, M. J., u. Exner, H., 1958. Säbelschnäbler (Recurvirostra avosetta L.) als seltener Durchzügler in der Steiermark. Egretta, v. 1, p. 23—24. — Antonius, O., 1913. Eine ornithologische Frühlingsfahrt auf den Jauerling. Urania, nr. 6, p. 512—515. — Antonius, O., 1917. Zur Singvogel-Ornis Niederösterreichs, insbesondere der Wachau. Bl. Naturk. Naturschutz, v. 4, p. 127—130. — Anzinger, F., 1896. Loxia rubrifasciata Br. in Tirol. Orn. Jahrb., v. 7, p. 84. — Aschenbrenner, L., u. Peters, H., 1955. Bericht über Beobachtungen von Wasservögeln, insbesondere der Wintergäste am Stürzelwasser, Wien XXII. Vogelk. Nachr. Österr., nr. 6, p. 14—16. — Aschenbrenner, L., Billek, A., Peters, H., u. Sindelar, J., 1956. Die Vogelwelt des Schönbrunner Schloßparkes und der angrenzenden Gartenstadt Tivoli. Ibid., nr. 7, p. 7—15. — Aschenbrenner, L., Peters, H., u. Billek, A., 1956. Nachtrag zu dem „Bericht über Beobachtungen von Wasservögeln, insbesondere der Wintergäste am Stürzelwasser, Wien XXII". Ibid., p. 35. — Aschenbrenner, L., u. Peters, H., 1956. Ein Überwinterungsplatz der Sumpfohreule. Orn. Mt., v. 8, p. 196—197. — Aschenbrenner, L., u. Peters, H., 1958. Über die Verbreitung des Zwergschnäppers (Ficedula parva) in der Umgebung Wiens und sein Vorkommen in Österreich. Egretta, v. 1, p. 17—21. — Attems, K. Graf, 1891. Zur Ornis von Graz. Orn. Jahrb., v. 2, p. 151—163. — Aumüller, St., 1950. Einige Mitteilungen über die Besiedlung des Burgenlandes durch den Hausstorch. Natur u. Land, v. 37, p. 20—24. — Aumüller, St., 1951. Ergebnisse der Storchbestandsaufnahme 1950 im Burgenland. Arb. Biol. Stat. Neusiedlersee, fasc. 3, Burgenl. Forsch. (Sonderheft), p. 74—87. — Aumüller, St., 1954. Der Bestand des weißen Storches in den österreichischen Bundesländern Burgenland, Steiermark und Kärnten in den Jahren 1952—1953. Burgenl. Heimatbl., v. 16, p. 115—135. — Aumüller, St., 1956. Der Bestand des Weißstorches im Burgenland in den Jahren 1954 und 1955. Ibid., v. 18, p. 76—85. — Aumüller, St., 1956. Burgenland, das Land der Störche. Vogelk. Nachr. Österr., nr. 7, p. 26—31. — Aumüller, St. 1956. Allgemeine Bibliographie des Burgenlandes. II. Teil, Naturwissenschaften. Ornithologie, p. 72—86. Eisenstadt. — Aumüller, St., 1959. Der Weißstorch (Ciconia ciconia L.) in Niederösterreich im Jahre 1958. Egretta, v. 2, p. 26—32. — Aumüller, St., 1961. Der burgenländische Storchbestand im Jahre 1959. Österr. Arbeitskr. Wildtierforsch., Jubil.-Jahrb. 1960/1961, p. 92—98. — Aumüller, St., u. Kepka, O., 1961. Der Bestand des Weißstorches (Ciconia ciconia) in Österreich in den Jahren 1959 und 1960. Egretta, v. 4, p. 68—71. — Aumüller, St., u. Triebl, R., 1963. Rostgans am Neusiedlersee. Ibid., v. 5, p. 64—65. — Ausobsky, A., 1955. Feldornithologische Beobachtungen. Mt. naturw. Arbeitsgem. Haus d. Natur, Salzburg, Zool. Arbeitsgr., v. 5/6 (1954/1955), p. 48—50. — Ausobsky, A., 1959. Schlangenadler (Circaëtus g. gallicus) erstmals für Salzburg nachgewiesen. Egretta, v. 2, p. 51—53. — Ausobsky, A., 1960. Bemerkungen zum Durchzug des Schwarzkehlchens (Saxicola torquata L.) im Land Salzburg. Vogelk. Ber. Inform. Salzburg, nr. 1, p. 2—3. — Ausobsky, A., 1961. Die Uferzone am Südende des Zeller-Sees — ein Naturdenkmal ersten Ranges. Ibid., nr. 8, p. 1—3. — Ausobsky, A., 1961. Mehlschwalbe (Delichon urbica) Brutvogel in 2450 m See-Höhe. Egretta, v. 4, p. 51—52. — Ausobsky, A., 1962. Erster Brutnachweis der Mittelmeer-Schafstelze in Österreich. Ibid., v. 5, p. 3—7. — Ausobsky, A., 1962. Alpensegler (Apus melba) auch in Salzburg Brutvogel. Ibid., p. 23—24. — Ausobsky, A., 1962. Berichtigungen und Ergänzungen zu einigen ornithologischen Veröffentlichungen über das Land Salzburg. Vogelk. Ber. Inform. Salzburg, nr. 9, p. 4—5. — Ausobsky, A., 1962. Zur Brutverbreitung von Haussperling (Passer domesticus), Mauersegler (Apus apus), Rauchschwalbe (Hirundo rustica) und Mehlschwalbe (Delichon urbica) im Land Salzburg. Ibid., nr. 10, p. 1—8. — Ausobsky, A., 1962. Ornithofaunistische Studien im Oberpinzgau (Salzburg). (10. Vorarbeit zur Avifauna des Landes Salzburg.) Ibid., nr. 12, p. 1—10. — Ausobsky, A., 1963. Die Vertikalverbreitung der Brutvögel des Landes Salzburg. Ibid., nr. 13, p. 1—24. — Ausobsky, A., 1963. Vogelkundliche Beobachtungen am Zeller-See Pzg. (2. Bericht, 1961—1962.) Ibid., nr. 14, p. 6—11. — Ausobsky, A., u. Hutz, R., 1963. Zur Verbreitung der Felsenschwalbe (Ptyonoprogne rupestris) in Salzburg. Egretta, v. 5, p. 37—42. — Ausobsky, A., u. Mazzucco, K., 1961. Zwergadler (Hieraaëtus pennatus) in Salzburg. Ibid., v. 4, p. 20—21. — Bachleitner, J., 1905. Eine Uferschwalben-Kolonie. Mt. Vogelwelt., v. 5, p. 127. — Bachofen-Echt, R. v., 1896. Merops apiaster in Niederösterreich. Mt. orn. Ver. Wien, v. 20, p. 84. — Bachofen-Echt, R. v., u. Hoffer, W., 1927—1931. Jagdgeschichte Steiermarks. 4 Bde. Graz. —

Bau, A., 1900. Ornithologisches aus Vorarlberg. Orn. Jahrb., v. 11, p. 121—131. — Bau, A., 1901. Oologisches und Ornithologisches aus Vorarlberg. Z. Oolog., v. 11, p. 85—87. — Bau, A., 1903. Ornithologisches und Biologisches aus Vorarlberg. Orn. Jahrb., v. 14, p. 176—193. — Bau, A., 1905. Das Brutgeschäft des Sumpfrohrsängers im Vorarlberger Rheinthal. Z. Oolog., v. 15, p. 24—27. — Bau, A., 1905. Ornithologisches vom östlichen Bodenseeufer. Orn. Rundsch., v. 1, p. 6—8. — Bau, A., 1906. Nest und Eier vom Berglaubvogel. Z. Oolog. Orn., v. 16, p. 68. — Bau, A., 1906. Die Vögel Vorarlbergs. Jahresber. Vorarlb. Mus. Ver., v. 44, p. 1—48 (mit weiteren Literaturangaben). — Bau, A., 1907. Ornithologisches aus Vorarlberg. Orn. Jahrb., v. 18, p. 38—39. — Bau, A., 1909. Neue Beobachtungen seltener Vogelarten in Vorarlberg. Ibid., v. 20, p. 150—153. — Bau, A., 1910. Massenerscheinungen von Cerchneis vespertinus in Vorarlberg. Ibid., v. 21, p. 110. — Bau, A., 1910. Zehnjährige Beobachtungen über wechselnde Ab- und Zunahme von Singvögeln in Vorarlberg. Ibid., p. 171—180. — Bau, A., 1911. Der Alpen-Dreizehenspecht (Picoides tridactylus alpinus, Br.) Brutvogel in Vorarlberg nebst Notizen über die Buntspechte daselbst. Z. Oolog. (G. Krause), v. 1, p. 45—46. — Bau, A., 1921. Über die Einwanderung des Girlitz in Vorarlberg. Orn. Beob., v. 18, p. 168. — Bauer, F. S., 1885. Ornithologische Notizen. Mt. orn. Ver. Wien, v. 9, p. 18—19. — Bauer, F. S., 1885. Über das Vorkommen des Nucifraga caryocatactes als Brutvogel in der Nähe des Stiftes Rein. Ibid., p. 43. — Bauer, F. S., 1887. Ein Würgfalke (Falco sacer Schleg., lanarius Pall.) in Mittelsteiermark. Ibid., v. 11, p. 62. — Bauer, K., 1949. Der Weißrückenspecht in der Steiermark. Natur u. Land, v. 35, p. 173. — Bauer, K., 1950. Das Sommergoldhähnchen als Brutvogel der Steiermark. Ibid., v. 36, p. 190. — Bauer, K., 1951. Die Ringdrossel im Wiener Stadtgebiet. Ibid., v. 37, p. 109. — Bauer, K., 1952. Arealveränderungen und Bestandsschwankungen bei österreichischen Vögeln. Bonn. Zool. Beitr., v. 3, p. 31—40. — Bauer, K., 1952. Der Blutspecht (Dryobates syriacus) Brutvogel in Österreich. J. Orn., v. 93, p. 104—111. — Bauer, K., 1952. Ornithologische Beobachtungen in den Leitha-Auen bei Zurndorf (Burgenland). Ibid., p. 112 bis 114. — Bauer, K., 1952. Ausbreitung des Schwarzstorches in Österreich. Vogelwelt, v. 73, p. 125—129. — Bauer, K., 1952. Der Kaiseradler (Aquila heliaca Sav.) wieder Brutvogel in Österreich. Vogelk. Nachr. Österr., nr. 1, p. 4. — Bauer, K., 1952. Eine interessante Beutetierliste der Schleiereule (Tyto alba L.). Ibid., p. 6. — Bauer, K., 1952. Der Bienenfresser (Merops apiaster L.) in Österreich. J. Orn., v. 93, p. 290—294. — Bauer, K., 1953. Weitere Ausbreitung des Blutspechts (Dendrocopos syriacus) in Österreich. Ibid., v. 94, p. 300—303. — Bauer, K., 1953. Die Mittelmeersilbermöwe (Larus argentatus michahellis Naumann) in Österreich. Vogelk. Nachr. Österr., nr. 3, p. 1—2. — Bauer, K., 1953. Tiefes Brutvorkommen einiger Alpenvögel in der Steiermark. Ibid., p. 11—14. — Bauer, K., 1954. Der Blutspecht in Niederösterreich. Uns. Heimat, v. 25, p. 212—215. — Bauer, K., 1954. Zwergammer (Emberiza pusilla) am Neusiedlersee beobachtet. Vogelk. Nachr. Österr., nr. 4, p. 9. — Bauer, K., 1954. Mantel- und Mittelmeer-Silbermöwe am Neusiedlersee. Ibid., p. 15—16. — Bauer, K., 1954. Adler am Neusiedlersee. Orn. Mt., v. 6, p. 69—72. — Bauer, K., 1955. Die Brutvorkommen des Großen Brachvogels. Vogelk. Nachr. Österr., nr. 5, p. 1—6. — Bauer, K., 1955. Zwergammer (Emberiza pusilla) am Neusiedlersee beobachtet. Ibid., p. 9. — Bauer, K., 1955. Schwarzspecht (Dryocopus martius L.) bei Neusiedl. Ibid., p. 12. — Bauer, K., 1955. Mantel- und Silbermöwe am Neusiedlersee. Ibid., p. 15—16. — Bauer, K., 1955. Der Zwergadler (Hieraaëtus pennatus) Brutvogel in Kärnten. Orn. Mt., v. 7, p. 106—107. — Bauer, K., 1955. Steinsperlingsbeobachtungen in den Österreichischen und Bayrischen Alpen. Vogelfreund, nr. 10, p. 3. — Bauer, K., 1955. Habichtsadler (Hieraaëtus fasciatus) in Österreich. Vogelk. Nachr. Österr., nr. 6, p. 1. — Bauer, K., 1956. Interessante Brut- und Sommervorkommen im Neusiedlersee-Gebiet. Ibid., nr. 7, p. 1—7. — Bauer, K., 1956. Der Zippammer (Emberiza cia L.) in Österreich. Mt. Landesmus. Joanneum Graz, fasc. 5, p. 29—36. — Bauer, K., 1956. Österreichs Vogelwelt — ein tiergeographisch-faunengeschichtlicher Überblick. J. Orn., v. 97, p. 447—449. — Bauer, K., 1956. Das gegenwärtige Vorkommen von Kaiseradler (Aquila heliaca) und Zwergadler (Hieraaëtus pennatus) in Österreich. Österr. Arbeitskr. Wildtierforsch., Jahrb. 1956, p. 15—18. — Bauer, K., 1956. Östlicher Drosselrohrsänger (Acrocephalus arundinaceus Temm. et Schlegel) am Neusiedlersee gefangen. J. Orn., v. 97, p. 342—343. — Bauer, K., 1956. Interessante Brut- und Sommervorkommen im Neusiedler-Seegebiet. Vogelk. Nachr. Österr., nr. 7, p. 1—7. — Bauer, K., 1956. Neunachweis der Dreizehenmöwe in Österreich. Ibid., p. 36—37. — Bauer, K., 1956. Sterntaucher (Gavia stellata) übersommert am Neusiedlersee. Ibid., p. 37. — Bauer, K., 1960. Variabilität und Rassengliederung des Haselhuhnes (Tetrastes bonasia) in Mitteleuropa. Bonn. Zool. Beitr., v. 11, p. 1—18. — Bauer, K., u. Freundl, H., 1955. Dünnschnabelbrachvogel (Numenius tenuirostris Vieill.) im Neusiedlersee-Gebiet. Vogelk. Nachr. Österr., nr. 5, p. 6—7. — Bauer, K., u. Freundl, H., 1955. Verschlagene Rosenseeschwalbe, Sterna dougallii, am Neusiedlersee. Vogelwelt, v. 76, p. 13—15. — Bauer, K., Freundl, H., u. Lugitsch, R., 1955. Weitere Beiträge zur Kenntnis der Vogelwelt des Neusiedlersee-Gebietes, Wiss. Arb. Burgenland, fasc. 7, p. 1—123. — Bauer, K., Hoffmann, S., Lunau, C., u. Murr, F.,

1955. Steinsperlingsbeobachtungen. Vogelfreund, fasc. 10, p. 3—5. — Bauer, K., u. Rokitansky, G., 1951. Die Vögel Österreichs. Kritische Übersicht der bisher für Österreich nachgewiesenen Vogelarten und -rassen. Arb. Biol. Station Neusiedlersee. nr. 4, pars 1. Verl. Biol. Stat. Neusiedlersee. — Bauer, K., u. Rokitansky, G., 1952. 1. Nachtrag zur österreichischen Artenliste. (Die Vögel Österreichs, Teil 1.) Vogelk. Nachr. Österr., nr. 1, p. 7—8. — Bauer, K., u. Rokitansky, G., 1954. 2. Nachtrag zur österreichischen Artenliste. (Die Vögel Österreichs, Teil 1.) Ibid., nr. 4, p. 17—19. — Bauer, P. F. S., 1890. Muscicapa parva Bechst. Brutvogel bei Rein in Steiermark. Orn. Jahrb., v. 1, p. 112—113. — Bauer, W., 1959. Bemerkungen zur Avifauna des Neusiedlersee-Gebietes. Orn. Mt., v. 11, p. 183—184. — Baumgartner, F., 1910. Ornithologische Notizen. Tierwelt, Wien, v. 9, p. 91. — Baumgartner, K., 1950. Der Steinadler in den Loferer Bergen. Natur u. Land, v. 36, p. 142. — Becher, K., 1919. Zum Vorkommen der Mittel- oder Schnatterente (Chaulelasmus streperus) in Niederösterreich als Brutvogel. Orn. Jahrb., v. 29, p. 71. — Becker, C., 1943. Zum Brutvorkommen der Zwergtrappe im Marchfeld. Beitr. Fortpflbiol. Vög., v. 19, p. 161. — Becker, C., 1958. Schwarzstorch (Ciconia nigra) in den Donauauen. Vogelk. Nachr. Österr., nr. 8, p. 7. — Beckmann, K. O., 1930. Ein Sommertag am Neusiedler See. Orn. Monschr., v. 55, p. 60—63. — Beckmann, K. O., 1956. Zu „Ornithologische Ferienbeobachtungen in Südtirol". Orn. Mt., v. 8, p. 114. — Bergmann, H., 1963. Brachschwalben im Seewinkel. Egretta, v. 5, p. 65—66. — Bernhauer, W., 1954. Neues Brutvorkommen des Rötelfalken (Falco naumanni) in Österreich. Orn. Mt., v. 6, p. 86—87. — Bernhauer, W., 1956. Zur Verbreitung des Rötelfalken in Steiermark. Mt. Abt. Zool. Bot. Landesmus. Joanneum Graz, fasc. 5, p. 37—44. — Bernhauer, W., 1958. Thors-Wassertreter in Oberösterreich. Österr. Arbeitskr. Wildtierforsch., Jahrb. 1958, p. 25. — Bernhauer, W., 1962. Schwarzstirnwürger in Tirol. Egretta, v. 5, p. 24—25. — Bernhauer, W., 1963. Zwergtrappe aus der Steiermark. Ibid., p. 67. — Bernhauer, W., Firbas, W., u. Steinparz, K., 1957. Die Vogelwelt im Bereiche zweier Enns-Stauseen. Naturk. Jahrb. Linz, p. 185—227. — Berndl, K., 1939. Die Vogelwelt der Wundschuher Teiche und ihrer Umgebung. Mt. Ver. Steierm., v. 75, p. 179—187. — Berger, K., 1907. Geier im Katschtal (Oberkärnten). Natur u. Land, v. 15, p. 309—311. — Berger, K., 1908. Ornithologischer Winterbericht aus Oberkärnten. Mt. Vogelwelt, v. 8, p. 11—12, 28—29, 37—38. — Besserer, L. v., 1904. Herbstzugsbeobachtungen aus Steiermark. Verh. orn. Ges. Bayern, v. 4, p. 81—93. — Bezzel, E., u. Remold, H., 1958. Ornithologische Beobachtungen im Gebiet der Hohen Tauern. Egretta, v. 1, p. 6—10. — Billek, A., 1958. Klippenstrandläufer (Calidris maritima) im Wasserpark (Wien XXI). Vogelk. Nachr. Österr., nr. 8, p. 5. — Blasius, R., 1886. Der Wanderzug der Tannenheher durch Europa im Herbst 1885 und Winter 1885/1886. Eine monographische Studie. Ornis, v. 2, p. 437—550. — Blumrich, J., 1934. Jungstörche in Bregenz. Bl. Naturk. Naturschutz, v. 21, p. 55—56. — Bodenstein, G., 1954. Österreichische Ornithologentagung, 12.—14. Juni 1954. Orn. Mt., v. 6, p. 243—244. — Bodenstein, G., u. Rokitansky, G., 1960. Eine westliche Heringsmöwe bei Wien. Egretta, v. 3, p. 46—48. — Boettger, O., 1901. In den Tiroler Alpen als Lämmergeier gefangener Kondor. Zool. Gart., v. 47, p. 317. — Boxberger, L. v., 1938. Zunahme der Steinadler in Österreich. Beitr. Fortpflbiol. Vög., v. 14, p. 109. — Boyer, K., 1903. Vogelleben im Niederösterreichischen Waldviertel. Mt. Österr. Reichsb. Vogelk. Wien, v. 3, p. 96. — Boyer, J., 1904. Aus dem Gebiet der Schneealpe. Mt. Vogelwelt, v. 4, p. 149—150. — Boyer. J., 1905. Aus dem Gebiet der Schneealpe. Ibid., v. 5, p. 121. — Brandauer, K., 1919. Zum Vorkommen der Felsenschwalbe in Tirol. Waldrapp. v. 2, p. 10. — Braun, F., 1912. Ornithologische Anmerkungen zu einem Besuche der Grazer Parkanlagen. Orn. Monber., v. 20, p. 141—144. — Braun, F., 1912. Die Vögel des Grazer Stadtparkes und anderes. Gef. Welt, v. 41, p. 156—157, 165—166. — Braun, F., 1913. Bemerkungen über die Vogelwelt der unter verschiedenen Breitengraden gelegenen europäischen Wälder. Orn. Monber., v. 21, p. 101—105. — Brittinger, Ch., 1866. Die Brutvögel Oberösterreichs nebst Angaben ihres Nestbaues und Beschreibung ihrer Eier. 26. Ber. Mus. Franc.-Carol. Linz, p. 1—127. — Bruhin, Th. A., 1867. Zur Wirbelthierfauna Vorarlbergs. Zool. Gart., v. 8, p. 394—397. — Bruhin, Th. A., 1868. Der „hängende Stein" bei Bludenz, — seine Ornis und Flora. Z. Naturw., v. 31, p. 301—304. — Bruhin, Th. A., 1868. Die Wirbelthiere Vorarlbergs. Eine Aufzählung der bis jetzt bekannten Säugethiere, Vögel, Amphibien und Fische Vorarlberg's, einschließlich des Rheinthales und des Bodensee's. Verh. Ges. Wien, v. 18, p. 223 bis 262. — Bruhin, Th. A., 1868. Nachträge zur Wirbelthier-Fauna Vorarlberg's, des Rheinthales und des Bodensee's. Ibid., p. 877—880. — Bruhin, Th. A., 1886. Ungewöhnlich zahlreiches Erscheinen des Fichtenkreuzschnabels in Vorarlberg. Zool. Gart., v. 9, p. 118. — Brüning, 1909. Aus den Alpen. Mt. Vogelwelt, v. 9, p. 152. — Buchebner, W., 1954. Vogelbeobachtungen am Neusiedlersee. Vogelk. Nachr. Österr., nr. 4, p. 19—23. — Buchebner, W., 1954. Einige Vogelbeobachtungen aus Mürzzuschlag/Stmk. und Umgebung. Ibid., p. 23—24. — Buchebner, W., 1955. Vogelbeobachtungen im Seewinkel. Ibid., nr. 6, p. 6—7. — Bünker, C., 1892. Lestris pomatorhinus in Kärnten. Orn. Jahrb., v. 3, p. 258—259. — Büsing, O., 1919.

Die Felsenschwalbe (Riparia rupestris Scop.) in Tirol. Orn. Monber., v. 27, p. 104—105. — Burg, G. v., 1926. Erythrospiza githaginea (Licht.) 1907 in Lustenau. In: Fatio, V., et Studer, Th., Catalogue des Oiseaux de la Suisse, v. 15, p. 2944. — Burkart, K., 1934. Vogelbeobachtungen im Liesertale. Carinthia II, v. 43/44, p. 102—103. — Burkart, K., 1954. Vogelbeobachtungen um St. Georgen am Längsee. Ibid., v. 64, p. 93—94. — Buxbaum, G., 1933. Der Alpenmauerläufer in der Wachau. Bl. Naturk. Naturschutz, v. 20, p. 6. — Carrara, B., u. Fisler, W., 1960. Bericht über die Bodensee-Exkursion vom 6. September 1959. Egretta, v. 3, p. 41—46. — Corti, U. A., 1951. Feststellung eines Spornpiepers, Anthus richardi Vieillot, im österreichischen Altrheingebiet. Orn. Beob., v. 48, p. 168. — Corti, U. A., 1956. Im Reiche des Großtrappen und Silberreihers. Tierwelt, p. 3—32. — Corti, U. A., 1959. Die Brutvögel der deutschen und österreichischen Alpenzone. In: Die Vogelwelt der Alpen, v. 5. Verl. Bischofsberger u. Co., Chur. (Mit umfangreichem Literaturverzeichnis.) — Corti, U. A., 1959. Aufgaben und Probleme der ornithologischen Erforschung Nordtirols. „De Natura Tiroliense" (Prenn-Festschr.), Innsbruck, p. 171—178. — Corti, U. A., 1959. Ornithologische Notizen aus den österreichischen Alpenländern. Egretta, v. 2, p. 21—25. — Dalla Torre, K. W. v., 1879. Die Wirbelthierfauna von Tirol und Vorarlberg in analytischen Tabellen dargestellt. Ber. k. k. Lehrer- und Lehrerinnen-Bildungsanst. Innsbruck, Schuljahre 1876/1877 bis 1878/1879, p. 1—70. — Dalla Torre, K. W. v., 1884. Ornithologisches aus Tirol. Mt. orn. Ver. Wien, v. 8, p. 170—171. — Dalla Torre, K. W. v., 1885. Ornithologisches aus Tirol. Die ornithologische Sammlung des Museums Ferdinandeum in Innsbruck. Ibid., v. 9, p. 56—57, 69. — Dalla Torre, K. W. v., 1885. Einige Worte über die ornithologischen Beobachtungen in Österreich und Ungarn. Ibid., p. 123—124, 130—131. — Dalla Torre K., W. v., 1886. Der Bart- oder Lämmergeier in Tirol. Mt. D.-Österr. Alpenver. p. 235—237. — Dalla Torre, K. W. v., 1886. Ornithologisches aus Tirol. Mt. orn. Ver. Wien, v. 10, p. 49—50. — Dalla Torre, K. W. v., 1887. Ornithologisches aus Tirol. Ibid., v. 11, p. 116—117. — Dalla Torre, K. W. v., 1888. Ornithologisches aus Tirol. Ibid., v. 12, p. 106—107. — Dalla Torre, K. W. v., 1888. Über einige interessante Thiere der Fauna Tirols. Ber. Ver. Innsbruck, v. 17, SB., p. III—XVIII. — Dalla Torre, K. W. v., 1889. Zoologische Mittheilungen. Ibid., v. 18, p. VI—X. — Dalla Torre, K. W. v., 1890. Ornithologisches aus Tirol. Mt. orn. Ver. Wien, v. 14, p. 261—262, 276—277, 294—295, 309—310. — Dalla Torre, K. W. v., 1891. Das Vorkommen oder Fehlen einiger für Tirol interessanter Vogelarten. Ber. Ver. Innsbruck, v. 19, p. VIII—IX. — Dalla Torre, K. W. v., 1891. Die Thierwelt. In: Stubei, Thal und Gebirg, Land und Leute. Herausgeg. v. Ges. von Freunden des Stubeitales. Duncker u. Humblot, Leipzig, 1891; p. 391—401. (Aves: p. 396—400.) — Dalla Torre, K. W. v., 1892. Die Thierwelt Tirols. In: 43. Progr. k. k. Staats-Gymn. Innsbruck (1891/1892), p. 3—29. — Dalla Torre, K. W. v., 1913. Kritisches Verzeichnis der Vögel von Tirol und Vorarlberg. I. Passeres, Singvögel. Z. Mus. Ferdinand. Innsbruck, v. 57, p. 351—361. — Dalla Torre, K. W. v., 1913. Tirol, Vorarlberg und Liechtenstein. In: Junk, Naturführer. Berlin. — Dalla Torre, K. W. v., u. Anzinger, F., 1896. Die Vögel von Tirol und Vorarlberg. Mt. orn. Ver. Wien, v. 20, p. 2—5, 61—68, 102—107, 131—143. — Dalla Torre, K. W. v., u. Anzinger, F., 1897. Die Vögel von Tirol und Vorarlberg. Ibid., v. 21, p. 5—12, 30—38, 61—71, 97—140 u. Erg.-Nr., p. 1—36. — Dalla Torre, K. W. v., u. Sarnthein, L. Graf v., 1909. Die Pflanzen- und Tierwelt Tirols. Selbstverl. Landesverb. Fremdenverkehr Tirol (Beil. z. „Tiroler Verkehrs- u. Hotelbuch"), p. 1—8. Innsbruck. — Dalla Torre, K. W. v., u. Tschusi zu Schmidhoffen, V. v., 1885. II. Jahresbericht (1883) des Comité's für ornithologische Beobachtungsstationen in Österreich und Ungarn. Ornis, v. 1, p. 197—576. — Dathe, H., 1944. Einige ornithologische Notizen aus Osttirol. Ber. Ver. Schles. Orn., v. 29, p. 35—38. — Defner, V., 1953. Störche in Kärnten. Anblick, v. 8 (1953/1954), p. 118—119. — Defner, V., 1954. Unsere Kärntner Störche sind wieder da. Ibid., v. 9 (1954/55), p. 63. — Defner, V., 1954. Von den Kärntner Störchen. Ibid., p. 169. — Defner, V., 1955. Ornithologentagung zu Pfingsten 1955 in Graz. Ibid., v. 10, p. 246. — Demandt, C., 1933. Über das Vorkommen des Steinadlers als Brutvogel in den Ostalpen. Beitr. Fortpflbiol. Vög., v. 9, p. 99. — Demandt, C., 1938. Vom Steinadler in Vorarlberg. Ibid., v. 14, p. 68. — Demandt, C., 1938. Zunahme des Steinadlers in Österreich? Ibid., p. 148—149. — Demandt, C., 1939. Der Steinadler als Brutvogel in Vorarlberg. Ibid., v. 15, p. 14—16. — Demandt, C., 1944. Vom Steinadler in Vorarlberg. Ibid., v. 20, p. 64—65. — Donner, E., 1904. Ornithologisches vom Weißensee. Orn. Monschr., v. 29, p. 285—291. — Donner, E., 1911. Ornithologisches aus dem Waldviertel. Ibid., v. 36, p. 438 bis 443. — Donner, E., 1906. Aus dem Wienerwald. Mt. Vogelwelt, v. 6, p. 150—151. — Donner, E., 1907. Ornithologisches aus Kärnten. Ibid., v. 7, p. 50—51. — Donner, E., 1907. Ornithologisches von meinen Ausflügen. Ibid., p. 58—59. — Donner, E., 1908. Ornithologisches von meinen Ausflügen. Ibid., v. 8, p. 45—46. — Dombrowski, E. v., 1884. Nyctale Tengmalmi im Prater. Mt. orn. Ver. Wien, v. 8, p. 191. — Dombrowski, E. v., 1887. Beiträge zur Kenntnis der Vogelwelt des Neusiedlersees in Ungarn. Ibid., v. 11, p. 173—175. — Dombrowski, E. v., 1889. Beiträge zur Kenntnis der Vogelwelt des Neusiedlersee in Ungarn. Ibid., v. 13, p. 3—6,

19—22, 39—44, 52—59. — Dombrowski, E. v., 1891. Beitrag zur Kenntnis der Vogelwelt der Umgebung von Bruck an der Leitha. Ibid., v. 15, p. 189—192, 204—206. — Dombrowski, E. v., 1893. Beitrag zur Kenntnis der Ornis von Niederösterreich. Ibid., v. 17, p. 21—23, 38—40, 53—54. — Dombrowski, E. v., 1901. Zwergtrappen in Niederösterreich. Orn. Jahrb., v. 12, p. 112. — Dombrowski, R., 1930. Ornithologische Frühjahrsbeobachtungen aus dem Laxenburger Park. Verh. Ges. Wien, v. 80, p. 133—139. — Dulitz, E., 1888. Ornithologische Beobachtungen auf einer Reise nach Tirol. Gef. Welt, v. 17, p. 339—342. — Eder, R., 1898. Zur Vogelfauna von Gastein. Orn. Jahrb., v. 9, p. 7—24. — Eder, R., 1900. Nachtrag zur „Vogelfauna von Gastein". Ibid., v. 11, p. 161—165. — Eder, R., 1907. Beitrag zur Vogelwelt von Niederösterreich. Mt. Ver. Naturfreunde Mödlings, nr. 29, p. 4—12. — Eder, R. 1908. Die Vögel Niederösterreichs. Mödling bei Wien, Selbstverl. d. Verf., 108 pp. — Eder, R., 1909. Ornithologische Notizen aus Mödling bei Wien. Mt. Vogelwelt, v. 9, p. 60—61. — Eder, R., 1910. Brütende Auerhenne im Wienerwalde. Forscher, p. 155. — Eder, R., 1912. Über das Auftreten des Tannenhähers in Mödling bei Wien. Orn. Jahrb., v. 23, p. 149—150. — Eder, R., 1914. Das Vogelleben in und um Mödling. Bl. Naturk. Naturschutz, v. 1, p. 7—9. — Eder, R., 1915. Der Alpenmauerläufer als Wintergast in Mödling. Ibid., v. 2, p. 35—36. — Eder, R., 1915. Die Steindrossel in Mödling. Ibid., p. 65—66. — Eder, R., 1918. Ornithologische Notizen aus Mödling. Ibid., v. 5, p. 27—28. — Ederer, A., 1909. Aus Oberösterreich. Mt. Vogelwelt, v. 9, p. 16. — Enderes, C. v., 1877. Die vertikale Verbreitung des Hausrotschwanzes (Lusciola Tithys Scop.). Mt. orn. Ver. Wien, v. 1, p. 63. — Erlach, O., 1962. Die Vogelwelt des Hummelhofwaldes. Naturk. Jahrb. Linz, p. 379—387. — Ernst, H., 1957. Schwarzstörche in den Marchauen. Natur u. Land, v. 43, p. 82. — Ernst, W., 1949. Auf Regenpfeifersuche in den Alpen. Ibid., v. 35, p. 174. — Faszl, St., 1886. Beitrag zur Kenntnis der Schwirrsänger. I. Locustella luscinioides (der Nachtigallrohrsänger) am Neusiedlersee. Mt. orn. Ver. Wien, v. 10, p. 303 bis 304. — Feninger, O., 1931. Die Zippammer als Seltenheit und Wintergast in Niederösterreich. Bl. Naturk. Naturschutz, v. 18, p. 145—150. — Feninger, O., 1933. Streifzüge durch Österreichs Vogelwelt. Ibid., v. 20, p. 45—50. — Feninger, O., 1933. Vom Storchenzug 1933 durch Österreich. Ibid., p. 141—142. — Feninger, O., Ginsberger, A., u. Langer, F., 1933. Der Seidenschwanzzug 1932/33 in Österreich. Ibid., p. 87—89. — Fend, G., 1961. Seltener Zuggast. Österr. Weidwerk, fasc. 10, p. 338. — Festetics, A., 1959. Erster Brutnachweis der Schwarzkopfmöwe vom Neusiedlersee und ihre Verbreitung im Karpathenbecken. Egretta, v. 2, p. 67—74. — Festetics, A., 1963. Zwergtrappen im Neusiedlersee-Gebiet. Ibid., v. 5, p. 66. — Fiedler, L., 1884. Naturhistorische Eigentümlichkeiten Lungau's. Mt. Ges. Salzburg. Landesk., v. 24, p. 1 bis 46. (Aves: p. 42.) — Findenegg, I., 1948. Vorkommen und Verbreitung der Wirbeltiere in Kärnten. Carinthia II, Sonderh., v. 11, p. 38—64. (Aves: p. 48—53.) — Findenegg, I., u. Reisinger, E., 1950. Ergänzungen zu: Vorkommen und Verbreitung der Wirbeltiere in Kärnten. Ibid., v. 58/60, p. 129—131. — Finger, J., 1857. Ornis Austriaca. Verzeichnis der Vögel des österreichischen Kaiserstaates. Verh. Ver. Wien, v. 7, p. 555—566. — Fink, A., 1958. Die Umgebung von Lockenhaus (Mittelburgenland) die Heimat des Schwarzstorches (Ciconia nigra). Natur u. Land, v. 44, p. 37. — Finkernagel, K., 1949. Die Alpendohle, ein täglicher Gast in Innsbruck. Ibid., v. 35, p. 120. — Finkernagel, K., 1949. Der Achensee zur Winterzeit ein Asyl für Wasserwild. Ibid., p. 148. — Firbas, W., 1958. Eisente (Clangula hyemalis) am Staninger-Stausee. Egretta, v. 1, p. 13. — Firbas, W., 1958. Bemerkenswerte Beobachtungen am Staninger-Stausee bei Steyr zu Pfingsten 1958. Ibid., p. 27—28. — Firbas, W., 1962. Die Vogelwelt des Machlandes. Naturk. Jahrb. Linz, p. 329—377. — Firbas, W., 1963. Die Zwergohreule (Otus scops) in Österreich. Egretta, v. 5, p. 42—57. — Fischer, Baron, 1883. Ornithologische Beobachtungen am Neusiedlersee. Mt. orn. Ver. Wien, v. 8, p. 75—76, 96—98, 115—118, 141—145. — Fischmeister, V., 1956. Der Alpen-Mauerläufer in Oberösterreich. Natur u. Land, v. 42, p. 141. — Floericke, K., 1906. Aus Oberösterreich. Mt. Vogelwelt, v. 6, p. 61. — Floericke, K., 1906. Aus Niederösterreich. Ibid., p. 72, 79, 110, 166. — Floericke, K., 1925. Sperlingskauz im Naturschutzgebiet des Salzkammergutes. Ibid., v. 24, p. 39. — Fohn, J., 1865. Ornithologisches. Mt. Ver. Steierm., v. 3, p. 126—127. — Fournes, H., 1886. Beiträge zur Kenntnis der Schwirrsänger. II. Locustella fluviatilis, der Flußrohrsänger, und Locustella naevia, der Heuschreckensänger, in der Umgebung von Wien. Mt. orn. Ver. Wien, v. 10, p. 316 bis 318. — Fournes, A., 1930. Über das Vorkommen und das Brutgeschäft des Flußrohrsängers Locustella fluviatilis (Wolf) und des Nachtigallrohrsängers Locustella luscinioides (Savi) in der Umgebung von Wien. Beitr. Fortpflbiol. Vög., v. 6, p. 41—46. — Fournes, A., 1934. Vom Weibchen des Flußschwirls. Bl. Naturk. Naturschutz, v. 21, p. 126—127. — Francke, 1914. Aus Tirol. Mt. Vogelwelt, v. 14, p. 259—260. — Franke, H., 1933. Vogelruf und Vogelsang. Ein Wanderbuch zum Bestimmen unserer heimischen Singvögel (einschließlich Spechte und Tauben) nach Aussehen, Stimme, Aufenthalt. Verl. F. Deuticke, Leipzig u. Wien; 110 pp. — Franke, H., 1937. Unsere Alpenvögel. Mt. D.-Österr. Alpenver., fasc. 4, p. 96—97. — Franke, H., 1937. Aus dem Leben der Beutelmeise. Beitr. Fortpflbiol. Vög., v. 13, p. 85—94, 133—140.

— Franke, H., 1941. Kleine Sumpfschnepfe und Schneeammer in Wien. D. Vogelwelt, v. 66, p. 120—121. — Franke, H., 1952. Unser Mornellregenpfeifer. Vogelk. Nachr. Österr., nr. 1, p. 2—3. — Franke, H., 1954. Alauda arvensis arvensis L. — Feldlerche — als alpiner Vogel. Aquila, v. 55/58, p. 292—294. — Frathnigg, G., 1956. Die Tier- und Pflanzenwelt der Scharnsteiner Auen um 1821. Wissenschaftliche Bearbeitung einer Denkschrift des Oberforst- und Jägermeisters Simon Witsch. Jahrb. Oberösterr. Musealver., v. 101, p. 345—364. — Frauenfeld, G. v., 1871. Niederösterreichische Fauna. Wirbelthiere. Topographie von Niederösterreich (herausgeg. v. Ver. Landesk. Niederösterr.), fasc. II, p. 97—98. — Frauenfeld, G. v., 1871. Die Wirbelthierfauna Niederösterreichs. Bl. Ver. Landesk. Niederösterr., p. 108—123; N. F. v. 5, p. 108—123. — Ganso, M., 1858. Bindenkreuzschnabel (Loxia leucoptera Gmel.) im Salzkammergut. Egretta, v. 1, p. 27. — Ganso, M., 1959. Zugvögel im Winter. Ibid., v. 2, p. 34—35. — Ganso, M., 1959. Mantelmöwe (Larus marinus) bei Wien. Ibid., p. 50—51. — Ganso, M., 1960. Winterbeobachtungen aus dem Lackengebiet des Neusiedlersees. Ibid., v. 3, p. 26—31. — Ganso, M., 1960. Schmarotzerraubmöwen in Österreich. Ibid., p. 61—62. — Ganso, M., 1961. Steinrötel (Monticola saxatilis) am Braunsberg b. Hainburg, NÖ. Ibid., v. 4, p. 78. — Gassner, G. A., 1893. Das Pflanzen- und Thierleben der Umgebung Gmundens. Ein Beitrag zur Kenntnis der Flora und Fauna Oberösterreichs. Gmunden, 128 pp. (Aves: p. 77—107.) — Gaukler, A., 1955. Ein neuer Brutnachweis des Kampfläufers (Philomachus pugnax) im Seewinkel. Vogelk. Nachr. Österr., nr. 6, p. 11. — Gaukler, A., 1955. Sumpfläuferbeobachtung (Limicola falcinellus) am Neusiedlersee. Ibid., p. 12. — Gaukler, A., u. Kraus, M., 1955. Die Saatkrähe (Corvus frugilegus) als Brutvogel im Seewinkel (Bgld.). Ibid., p. 10. — Gaukler, A., u. Lischka, W., 1960. Kraniche (Grus grus L.) im Seewinkel (Burgenland). Egretta, v. 3, p. 58—60. — Gauß, H. G., 1960. Zur Verbreitung der Türkentaube (Streptopelia decaocto) in den Ostalpen. J. Orn., v. 101, p. 346—354. — Gayer, 1887. Turdus pilaris, die Wacholderdrossel als Stand- und Brutvogel im oberen Mühlviertel an den Ausläufern des Böhmerwaldes. Mt. orn. Ver. Wien, v. 11, p. 42. — Gebhardt, E., 1910. Aus Tirol. Mt. Vogelwelt, v. 10, p. 176. — Gengler, J., 1928. Ein kleiner Beitrag zur Vogelwelt Tirols. Anz. orn. Ges. Bayern, v. 1, p. 140—141. — Gerber, R., 1939. Die Rotdrossel, Turdus m. musicus L., brütete 1939 in Tirol. Orn. Monber., v. 47, p. 129 bis 133. — Gerber, R., 1942. Sommerbeobachtungen bei Ehrwald in Tirol. Verh. orn. Ges. Bayern, v. 22, p. 290—301. — Geyer, G., 1878. Das Todte Gebirge. Eine monographische Abhandlung. Jahrb. Österr. Tour.-Club, v. 9, p. 7—200. (Aves: p. 35—36.) — Geyer, K., 1889. Ein Wasserhuhn (Fulica atra) im März in Oberösterreich gefangen. Mt. orn. Ver. Wien, v. 13, p. 196. — Girtanner, A., 1880. Fremdlinge am Bodensee. Zool. Gart., v. 21, p. 28—29. — Girtanner, A., 1881. Ein Bartgeier (Gypaëtos barbatus L.) in Tirol gefangen. Mt. orn. Ver. Wien, v. 5, p. 45—46. — Girtanner, A., 1901. Fang eines Kondors (Sarcorhamphus gryphus) in den Tiroler Alpen. Mt. Niederösterr. Jagdschutz-Ver., v. 8, p. 2. — Gistl, J., 1835. Übersicht der Vögel des Österreichischen Salzkammergutes, oder des salzburgischen Gebietes. Z. Zool. vergl. Anat., v. 2, p. 180—191. — Glasner, F., 1920. Trappen im Tullner Feld. Bl. Naturk. Naturschutz, v. 7, p. 8—9. — Gleispach, W. Graf, 1895. Ornithologisches aus der Steiermark. Orn. Jahrb., v. 6, p. 165. — Götsch, G., 1864. Das Leben der Gletscher und Andeutungen über die naturwissenschaftliche Ausbeute des Ötzthaler Gebirgsstockes. Innsbruck. (Aves: p. 60—61.) — Glück, H., 1895. Die Vogelwelt des Praters. Mt. orn Ver. Wien, v. 19, p. 122—126, 139—143, 155—157. — Glück, H., 1896. Julius Finger. Orn. Jahrb., v. 7, p. 1—9. — Goethe, F., 1939. Tamariskensänger (Lusciniola melanopogon [Temminck]) Brutvogel am Neusiedlersee, Orn. Monber., v. 4, p. 139—141. — Graf, R., 1854. Der Steinrabe (Pyrrhocorax alpinus). Jahrb. Landesmus. Kärnten, v. 3, p. 179. — Grebmer, F. v., 1892. Rackelhähne in Kärnten erlegt. Orn. Jahrb., v. 3, p. 258. — Grimm, L., 1914. Winterbeobachtungen. Gef. Welt, v. 43, p. 47. — Grims, F., 1960. Die Reiherente (Aythya fuligula) erstmals in Österreich brütend festgestellt. Egretta, v. 3, p. 14. — Grims, F., 1960. Eine Lachmöwenkolonie am Innstausee bei Braunau. Ibid., p. 61. — Grims, F., 1960. Ein Silberreiher am Innstausee in Braunau. Ibid., p. 61. — Grögl, F., 1928. Aus Obersteiermark. Bl. Naturk. Naturschutz, v. 15, p. 135—136. — Grögl, H., 1941. Vom Mornellregenpfeifer. Ibid., v. 28, p. 171. — Grohs-Fliegely, A., 1947. Nochmals Steinadler im Schneeberggebiet. Österr. Weidwerk, fasc. 10, p. 104. — Gruber, J., 1956. Blauracke (Coracias garrulus) und Bienenfresser (Merops apiaster) im Hausruck, Oberösterreich. Vogelk. Nachr. Österr., nr. 7, p. 38. — Hable, E., 1954. Von der Felsenschwalbenkolonie am Puxerloch. Ibid., nr. 4, p. 7—8. — Hable, E., 1955. Zwergschnäpper in den Niederen Tauern. Ibid., nr. 6, p. 10. — Hable, E., 1955. Ein Kranich in der Obersteiermark. Ibid., p. 12. — Hable, E., 1955. Vogelkundliche Beobachtungen aus dem Bezirke Murau. Mt. Ver. Steierm., v. 85, p. 81—87. — Hable, E., 1961. Vogelzug und Artenanzahl am Furtnerteich (Veränderungen innerhalb eines Jahrhunderts). Österr. Arbeitskr. Wildtierforsch. Jubil.-Jahrb. 1960/61, p. 111—117. — Hable, E., 1960. Ein Brutvorkommen des Mauerläufers in geringer Seehöhe. Egretta, v. 3, p. 32—33. — Hable, E., 1960. Grönlandfalke in der Steiermark. Ibid., p. 34. — Hable, E., 1960. Ein Brutvorkommen des Zwergtauchers in 1300 m Seehöhe. Ibid., p. 62—63. — Hable, E., 1962. Bemerkenswerte ornithologische Beobachtungen vom Furtnerteich im Bezirke Murau aus dem Jahre 1961. Mt. Ver. Steierm., v. 92, p. 30—31. — Handel-Mazetti, H. v., 1951. Seltener nordischer Gast in Innsbrucks Vogelwelt. Natur u. Land, v. 37, p. 48. — Handel-Mazetti, H. v., 1955. Der Rötelfalke (Falco Naumanni), ein neuer Brutvogel in Tirol. Ibid., v. 41, p. 177. — Handel-Mazetti, H. v., 1958. Der Waldwasserläufer (Tringa ochropus) als Sommergast im Hochgebirge. Ibid., v. 44, p. 155. — Handl, J., 1955. Von der Mehlschwalbe (Delichon urbica fenestrarum). Vogelk. Nachr. Österr., nr. 5, p. 14. — Handl, J., 1955. Beobachtung von Ringdrosseln (Turdus torquatus) auf der hohen Wand. Ibid., nr. 6, p. 16. — Hanf, B., 1854. Ornithologische Mittheilungen. Verh. Ver. Wien, v. 4, p. 18, 120—122. — Hanf, B., 1854. Notizen über einige in der Umgebung von Mariahof in Obersteiermark vorkommende seltenere Vögel und über den Federwechsel des Schneehuhns (Tetr. lagopus L.). Ibid., p. 617—628. — Hanf, B., 1856. Über den Zug der Vögel im Frühjahre 1856. Ibid., v. 6, p. 91—92. — Hanf, B., 1856. Verzeichniss der in der Umgebung des Furtteiches bei Mariahof in Ober-Steiermark vorkommenden Vögel mit Bemerkungen über die Lebensweise, Fortpflanzung und Jagd einiger derselben. Verh. Ver. Wien, v. 6, Abh. p. 671 bis 700. — Hanf, B., 1858. Verzeichnis der in der Umgebung des Furtteiches bei Mariahof in Ober-Steiermark vorkommenden Vögel, mit Bemerkungen über die Lebensweise, Fortpflanzung und Jagd einiger derselben. Verh. Ges. Wien, v. 8, Abh. p. 529—548. — Hanf, B., 1863. Bericht über den Vögelzug während des Herbstes in der Umgebung von Mariahof in Obersteiermark. Mt. Ver. Steierm., v. 1, p. 32—36; v. 2, p. 50—56. — Hanf, B., 1868. Ornithologische Beobachtungen am Furtteiche zu Mariahof in Obersteiermark. Verh. Ges. Wien, v. 18, p. 961—970. — Hanf, B., 1871. Ornithologische Miscellen. Ibid., v. 21, p. 87—98. — Hanf, B., 1872. Ornithologische Beobachtungen am Furtteiche zu Mariahof im Jahre 1871. Ibid., v. 22, p. 399—404. — Hanf, B., 1873. Notizen über die Fortpflanzung der Sylvia Nattererii Schinz. (Phyllopneuste montana Brehm) in der Umgebung von Mariahof im Jahre 1872. Ibid., v. 23, p. 469—474. — Hanf, B., 1874. Beobachtungen zur Fortpflanzung des Fichtenkreuzschnabels im Winter 1871/72 und 1872/73. Ibid., v. 24, p. 211—216. — Hanf, B., 1877. Ornithologische Notizen. Der Vogelzug am Furtteiche bei Mariahof in Obersteiermark im Jahre 1876. Ibid., v. 27, p. 235 bis 240. — Hanf, B., 1878. Ornithologische Miscellen. Ibid., v. 28, p. 11—14. — Hanf, B., 1880. Ornithologische Beobachtungen aus Obersteiermark (Auszug aus brieflichen Mitteilungen an Prof. Dr. Wilh. Blasius). Orn. Centralbl., v. 5, p. 113—114, 148—149. — Hanf, B., 1882. Tetrao medius Leis.: Mittelhahn, Rackelhahn. Mt. orn. Ver. Wien, v. 6, p. 71—73. — Hanf, B., 1882. Zur Ornithologie Kärntens. Carinthia II, v. 72, p. 252, 254, 296. — Hanf, B., 1882. Die Vögel des Furtteiches und seiner Umgebung (I. Theil). Mt. Ver. Steierm., p. 3—102. — Hanf, B., 1882. (Ornithologische Beobachtungen am Furtteiche. Briefl. Mitt. an A. Rogenhofer.) Verh. Ges. Wien, v. 32, p. 39—40. — Hanf, B., 1883. Die Vögel des Furtteiches und seiner Umgebung (II. Theil). Mt. Ver. Steierm., p. 3—94. — Hanf, B., 1886. Beobachtungen über den Vogelzug am Furtteiche und seiner Umgebung im Frühjahre 1886. Mt. orn. Ver. Wien, v. 10, p. 181—183. — Hanf, B., 1886. Ornithologische Beobachtungen aus Mariahof. Ibid., p. 313—314. — Hanf, B., 1887. Ornithologische Beobachtungen am Furtteiche und dessen Umgebung vom Juni bis December 1886. Mt. Ver. Steierm. 1886, p. 69—73. — Hanf, B., 1888. Vogelleben auf dem Furtteiche und seiner Umgebung im Jahre 1887. Ibid. 1887, p. 101—116. — Hartert, E., 1910—1922. Die Vögel der paläarktischen Fauna. Systematische Übersicht der in Europa, Nordasien und Mittelmeerregion vorkommenden Vögel. v. 1—3. Verl. R. Friedländer u. Sohn, Berlin. — Hartert, E., u. Steinbacher, F., 1932—1938. Die Vögel der paläarktischen Fauna. Systematische Übersicht der in Europa, Nordasien und der Mittelmeerregion vorkommenden Vögel. v. 4 (suppl.). Verl. R. Friedländer u. Sohn, Berlin. — Hartlieb, R., 1958. Der Mauerläufer, ein seltener Alpenvogel. Natur u. Land, v. 33/34, p. 231—232. — Heckel, J., 1852. Über die Verbreitung, das Nest und das Ei der Salicaria fluviatilis Mayer. Verh. Ver. Wien, v. 2, p. 127—130. — Heimpel, H., 1961. Uhu horstet im Thayatal. Natur u. Land, v. 47, p. 56 bis 58. — Heller, C., 1881. Über die Verbreitung der Thierwelt im Tiroler Hochgebirge. SB. Ak. Wien, math.-naturwiss. Cl., v. 83 I, p. 103—175. — Hellmayr, C. E., 1898. Muscicapa parva im Wienerwald. Orn. Jahrb., v. 9, p. 219—221. — Hellmayr, C. E., 1899. Beiträge zur Ornitholo-, gie Niederösterreichs. Aus dem Thale der Ybbs und ihrer Zuflüsse. Ibid., v. 10, p. 81—113, 136—154, 175—182. — Hellmayr, C. E., 1901. Kritische Bemerkungen über die Paridae, Sittidae und Certhiidae. J. Orn., v. 49, p. 169—190. — Hellmayr, C. E., 1907. Aves für 1902. Arch. Naturg., v. 68 II, fasc. 1 (1902), p. 75—208. — Hellmayr, C. E., 1907. Aves für 1903. Ibid., p. 209—320. — Hellmayr, C. E., 1908. II. Aves für 1904. Ibid., v. 70 II, fasc. 1 (1904), p. 1—132. — Hellmayr, C. E., 1907. The Tschusi Collection of Palaearctic Birds. Ibis, s. 9, v. 1, p. 223—224. — Hellmayr, C. E., 1910. II. Aves für 1908. Arch. Naturg., v. 75 II, fasc. 1 (1909), p. 1—162. — Hellmayr, C. E., 1911. Aves. für 1909. Ibid., v. 76 II, fasc. 1 (1910), p. 101—252. — Hellmayr, C. E., 1914. Zur Ornis des oberen Ötztales in Tirol. Orn. Jahrb., v. 25, p. 147—155. — Hellmayr, C. E., 1916. Über die europäischen Grasmücken. Gef. Welt

v. 45, p. 252—253, 259—260, 268. — Hellmayr, C. E., 1923. Ein weiterer Brutplatz der Felsenschwalbe (Riparia rupestris) in Tirol. Orn. Monber., v. 31, p. 131—132. — Hellmayr, C. E., 1926. Ornithologisches aus dem Unterinntal. Verh. orn. Ges. Bayern, v. 17, p. 94—104. — Hellmayr, C. E., 1933. Notizen über Mödlinger Beobachtungen. Verh. Ges. Wien, v. 83, p. 23 bis 24. — Hellweger, E., 1919. Tirol. Waldrapp, v. 1, p. 28. — Hennemann, W., 1899. Ornithologische Beobachtungen in Süddeutschland und Tirol. Gef. Welt, v. 28, p. 404—406. — Hennicke, C. R., 1901. Kondor in den Tiroler Alpen. Orn. Monschr.,v. 26, p. 109. — Hesse, E., 1912. Nochmals das Erscheinen von Raubmöwen im Binnenland während des Herbstes 1909. Orn. Monber., v. 20, p. 37—38. — Heyder, R., 1960. Die Südareale des Mornellregenpfeifers, Eudromias morinellus (L.), in Europa. Abh. Ber. staatl. Mus. Tierk. Dresden, v. 25, p. 47—70. — Hinterberger, J., 1854. Die Vögel von Österreich ob der Enns als Beitrag zur Fauna dieses Kronlandes. Ber. Mus. Franc.-Carol. Linz, v. 14, p. 1—112. — Hinteröcker, J. N., 1863. Schloß Neuhaus mit seiner nächsten Umgegend im oberen Mühlkreise, durch seine Eigenthümlichkeiten und Seltenheiten in Fauna und Flora einer der reichsten Bezirke für den Naturfreund in Oberösterreich. Ibid., v. 23, p. 91—116. (Aves: p. 99.) — Hodek, E., 1889. Aus Niederösterreich zwischen Ybbs und Donau. Mt. orn. Ver. Wien, v. 13, p. 17—19, 36—38. — Hodek, E., 1894. Bericht über die Aufstellung der ornithologischen Abtheilung. Ber. Mus. Franc.-Carol. Linz, v. 52, p. 1—4. — Hoffer, W., 1931. Zoogeographische Studien am jagdbaren Wilde Steiermarks. Mt. Ver. Steierm., v. 68, p. 51—82. Hoffmann, B., 1927. Ornithologisches von einer Reise in die Alpen (Sommer 1926). Verh. orn. Ges. Bayern, v. 17, p. 510—534. — Hoffmann, B., 1930. Ornithologische Beobachtungen auf einer Reise durch die Tschecho-Slowakei, Ober-Österreich, Salzburg, Kärnten, Tirol und Süd-Bayern. Ibid., v. 19, p. 185—210. — Hoffmann, S., 1956. Steinsperlinge im Gebiet des Steinernen Meeres. Vogelk. Nachr. Österr., nr. 7, p. 38—39. — Höninger, W., 1959. Die Vogelwelt des Linzer Urnenhaines. Naturk. Jahrb. Linz, p. 151—162. — Höpflinger, F., 1958. Die Vögel des steirischen Ennstales und seiner Bergwelt. Ein Beitrag zu einer Avifauna der Steiermark. Mt. Ver. Steierm., v. 88, p. 136—169. — Holdhaus, K., 1912. Kritisches Verzeichnis der boreoalpinen Tierformen (Glazialrelikte) der mittel- und südeuropäischen Hochgebirge. Ann. Mus. Wien, v. 26, p. 399—440. (Aves: p. 431—432.) — Holzmüller, G., 1871. Berg-, Thal- und Gletscherfahrten im Gebiet der Ötzthaler Ferner. Z. Naturwiss., N. F., v. 38, p. 91—183. — Homeyer, A. v., 1887. Ornithologische Studien und Mitteilungen aus dem Jahre 1886. Z. Orn. prakt. Geflügelzucht, Stettin, v. 11, p. 133—136, 149—153. — Horst, F., 1933. Der Steinadler in Vorarlberg und Tirol. Mt. Vogelwelt, v. 32, p. 91. — Horst, F., 1954. Weiteres zum Brutvorkommen der Schafstelze im nördlichen Alpenvorland. Vogelwelt, v. 75, p. 236—237. — Huber, J., 1956. Winterliches Vogelleben in Kärnten. Larus, v. 8 (1954), p. 96—99. — Huber, J., 1959. Zwergtaucher als Durchzügler auf dem Zirmsee. Egretta, v. 2, p. 18—19. — Huber, J., u. Meier, H., 1960. Über das Vorkommen des Alpenseglers in Osttirol. Ibid., v. 3, p. 16—17. — Huber, J., 1960. Einige bemerkenswerte Vogelarten auf Zettersfeld (Osttirol). Ibid., p. 54—55. — Hueber, L. v., 1859. Verzeichniß der Vögel Kärntens. Jahrb. Landesmus. Kärnten, v. 4, p. 1—32. — Hübner, M., 1914. Ornithologische Beobachtungen auf einer Reise nach Oberitalien. Orn. Monschr., v. 39, p. 464—467. — Hüller, E., 1906. Aus Oberösterreich. Mt. Vogelwelt, v. 6, p. 119. — Hüller, E., 1906. Aus Steiermark. Ibid., p. 191. — Hüller, E., 1908. Aus Oberösterreich. Ibid., v. 8, p. 145. — Janetschek, H., 1957. Die Tierwelt des Raumes von Kufstein. Kufst. Buch, v. 1 (Schlern-Schr., v. 156), Innsbruck. — Jeitteles, L. H., 1862. Prodromus faunae vertebratorum Hungariae Superioris. Beiträge zur näheren Kenntnis der Wirbelthiere Ungarns. Verh. Ges. Wien, v. 12, p. 245—314. (Aves: p. 267—278.) — Jordans, A. v., u. Schiebel, G., 1944. Tetrao bonasia styriacus form. nov. Falco, v. 40, p. 1. — Jung, G., u. Kleinsteuber, C., 1962. Eine Rötelschwalbe (Hirundo daurica) am Bodensee. J. Orn., v. 103, p. 299. — Kadich, H. v., 1883. Ornithologische Streifzüge in den oberösterreichischen Alpen (I). Mt. orn. Ver. Wien, v. 7, p. 67—71. — Kadich, H. v., 1884. Ornithologische Streifzüge in den oberösterreichischen Alpen (II). Ibid., v. 8, p. 25—30. — Kadich, H. v., 1884. Wanderskizzen aus Steiermark. Ibid., v. 9, p. 3—6. — Kadich, H. v., u. Rieser, O., 1884. Das Geldloch im Ötscher. Eine ornithologische Exkursion zu den Brutstätten von Pyrrhocorax alpinus. Ibid., v. 8, p. 85—87, 104—105. — Karlsberger, R. O., 1886. Ein Brutplatz der Zwergohreule (Scops Aldrovandi Wilughbi) in Niederösterreich. Ibid., v. 10, p. 294. — Karlsberger, R. O., 1887. Ornithologisches aus Oberösterreich. Winterbeobachtungen 1886—87. Orn. Monschr., v. 12, p. 221—227. — Karlsberger, R. O., 1888. Ornithologisches aus Oberösterreich. Einige Beobachtungen zum Herbstzug 1887. Ibid., v. 13, p. 74—76. — Karlsberger, R. O., 1888. Ornithologisches aus Oberösterreich. Winterbeobachtungen 1887—88. Ibid., p. 116—118. — Karlsberger, R. O., 1888. Über das Vorkommen des Steppenhuhnes in Oberösterreich. Ibid., p. 250. — Karlsberger, R. O., 1888. Nordseetaucher (Colymbus septentrionalis Linn.) an der Donaubrücke in Linz. Mt. orn. Ver. Wien, v. 12, p. 5—6. — Karlsberger, R. O., 1888. Ein Fischadler (Pandion haliaëtus Linn.) bei Linz a. d. Donau erlegt. Ibid., p. 119—120. — Keil, F.,

1859. Über die Pflanzen und Thierwelt der Kreuzkofel-Gruppe nächst Lienz in Tirol. Verh. Ges. Wien, v. 9, p. 151—166. — Keller, F. C., 1885. Aus dem Leben des Alpenmauerläufers. Z. ges. Orn., v. 2, p. 329—340. — Keller, F. C., 1886. Einige kleine Beobachtungen aus den Alpen. Ibid., v. 3, p. 252—266. — Keller, F. C., 1886. Der Bartgeier, Gypaëtus barbatus L. Die letzten ihres Stammes in Kärnten. Jahrb. Landesmus. Kärnten, v. 18, p. 285—292. — Keller, F. C., 1890. Ornis Carinthiae. Die Vögel Kärntens. Verzeichnis der bis jetzt in Kärnten beobachteten Vögel nebst Bemerkungen über den Zug, Lebenweise, locale Eigentümlichkeiten etc. etc. Klagenfurt. (Herausgeg. v. Naturhist. Landesmus. Kärnten.) — Keller, F. C., 1890. Aus Kärnten. Orn. Jahrb., v. 1, p. 38—39. — Keller, F. C., 1891. Aus Kärnten. Ibid., v. 2, p. 112. — Keller, F. C., 1892. Seltene Brutvögel in Kärnten. Carinthia II, v. 82, p. 30—31. — Keller, F. C., 1893. Ciconia nigra und Bombycilla garrula in Kärnten. Orn. Jahrb., v. 4, p. 80. — Keller, F. C., 1894. Etwas über die Fauna des Gail-, Gitsch- und Lessachthales. In: Moro, H., Das Gailthal mit dem Gitsch- und Lessachthale in Kärnten. Hermagor; p. 33—44. (Aves: p. 39—41.) — Keller, F. C., 1898. Ornithologische Notizen aus dem Jahre 1898. Carinthia II, v. 88, p. 238 bis 252. — Keller, F. C., 1899. Allerlei Beobachtungen aus Winter und Frühjahr 1899. Ibid., v. 89, p. 129—135. — Keller, F. C., 1900. Einige Beobachtungen aus Sommer und Herbst 1899. Ibid., v. 90, p. 15—21. — Keller, F. C., 1901. Ornithologische Beobachtungen über Frühjahr und Sommer 1901. Ibid., v. 91, p. 148—159. — Keller, F. C., 1902. Ornithologische Beobachtungen. Ibid., v. 92, p. 101—116. — Keller, F. C., 1902. Das Lavantthal. Ein monographischer Beitrag zur Heimatkunde. Verl. E. Ploetz, Wolfsberg; p. 175—189: Das Thierleben des Lavantthales. (Aves: p. 185—186.) — Keller, F. C., 1903. Ornithologische Beobachtungen. Carinthia II, v. 93, p. 29—44. — Keller, F. C., 1903. Ornithologische Beobachtungen im Winter und Frühjahr 1903. Ibid., p. 152—177. — Keller, F. C., 1904. Ornithologische Beobachtungen aus Winter und Frühjahr 1904. Ibid., v. 94, p. 166—185. — Keller, F. C., 1905. Ornithologische Beobachtungen aus dem Winter und Frühjahr 1904 und 1905. Ibid., v. 95, p. 137—145, 163—188. — Kempny, O., 1958. Ein Ibis (Plegadis falcinellus) bei Hartberg. Vogelk. Nachr. Österr., nr. 8, p. 5—6. — Kepka, O., 1953. Seltene Durchzügler in Österreich. Orn. Mt., v. 5, p. 193. — Kepka, O., 1954. Überwinternde graue Fischreiher (Ardea cinerea). Vogelk. Nachr. Österr., nr. 4, p. 8—9. — Kepka, O., 1954. Eine Eisente (Clangula hyemalis) in Graz. Ibid., p. 16—17. — Kepka, O., 1955. Fischadler, Fischreiher und Fischotter in der Steiermark. Natur u. Länd, v. 41, p. 62. — Kepka, O., 1955. Weiteres zur Verbreitung des Weißstorchs in der Steiermark. Vogelwarte, v. 18, p. 24—25. — Kepka, O., 1956. Die Vogelwelt des grossen Teiches bei Waldschach. Mt. Abt. Zool. Bot. Landesmus. Joanneum Graz, fasc. 5, p. 45—57. — Kepka, O., 1956. Der Graureiher (Ardea cinerea) als Brutvogel in der Steiermark. Orn. Mt., v. 8, p. 111. — Kepka, O., 1958. Überwinternde graue Fischreiher (Ardea cinerea) in der Steiermark. Vogelk. Nachr. Österr., nr. 8, p. 2—3. — Kepka, O., 1960. Schwarzstorch (Ciconia nigra) bei Graz. Egretta, v. 3, p. 31. — Kepka, O., 1961. Der Blutspecht (Dendrocopos syriacus) überwintert in Graz. Ibid., p. 49—50. — Kepka, O., 1961. Wieder ein Schwarzstorch (Ciconia nigra) in der Steiermark. Ibid., v. 4, p. 50—51. — Kepka, O., u. Mayer, G., 1956. Die Vogelwelt der Teiche bei Wundschuh und ihrer Umgebung. Mt. Abt. Zool. Bot. Landesmus. Joanneum Graz, fasc. 5, p. 58—67. — Kepka, O., 1963. Zweiter Nachweis eines Kaiseradlers (Aquila heliaca) in der Steiermark. Egretta, v. 5, p. 67—68. — Kerschner, Th., 1919. Ornithologische Notizen aus Oberösterreich. Waldrapp., v. 1, p. 19. — Kerschner, Th., 1935. Neubesiedlung Oberösterreichs durch den Storch. Bl. Naturk. Naturschutz, v. 22, p. 92—93. — Keve, A., 1943. Falco cherrug saceroides Menzb. in der Umgebung von Wien? Orn. Monber., v. 51, p. 150—151. — Keve, A., 1948. Preliminary Note on the Geographical Variation of the Hazel-Grouse (Tetrastes bonasia [L.]). Danske Orn. Foren. Tidsskr., v. 42, p. 162—164. — Killermann, S., 1909. Der Waldrapp Gesners (Geronticus eremita L.). Neue Zeugnisse für sein ehemaliges Vorkommen in Mitteleuropa. Zool. Ann., v. 4, p. 268—279. — Kincel, F., 1933. Die Tierwelt. In: Lämmermayr, A., et al., Querschnitte durch den Boden, die Pflanzendecke und Tierwelt von Graz. Naturgeschichtl. Lehrwander. i. d. Heimat, fasc. I, Graz; p. 88—103. — Kincel, F., 1934. Die Murauen (zoologischer Teil). In: Koegeler, K., u. Kincel, F., Die Alluvionen der Steiermark, I. Die Mur- und Drautal-Landschaft. Naturgeschichtl. Lehrwander. i. d. Heimat, fasc. II, Graz; p. 70—91. — Kindler, F., 1913. Aus Oberösterreich. Mt. Vogelwelt, v. 13, p. 120. — Kindler, F., u. Richter, K. K., 1913. Aus Oberösterreich. Ibid., p. 25—26. — Kinnl, H., 1960. Uferschwalben in der Lobau. Natur u. Land, v. 46, p. 113. — Klapper, G., 1890. Circaëtus gallicus L. in Niederösterreich. Orn. Jahrb., v. 1, p. 240. — Kleinschmidt, O., u. Tschusi zu Schmidhoffen, V. v., 1913. Parus salicarius submontanus form. nova. Falco, v. 9, p. 33—34. — Klimsch, O. J. G., 1909. Ornithologische Winterbeobachtungen aus Kärnten. Gef. Welt, v. 38, p. 71. — Klimsch, O. J. G., 1909. Das Vogelleben Kärntens und seltsame Beobachtungen. Ibid., p. 270—271, 277—278. — Klimsch, O. J. G., 1909. Ornithologische Notizen. Tierwelt, Wien, v. 8, p. 26—27. — Klimsch, O. J. G., 1911. Ornithologische Notizen. Ibid., v. 10, p. 44, 60—61, 75, 85. — Klimsch, O. J. G., 1915.

Vogelzugsdaten für Umgebung St. Veit a. d. Glan. Carinthia II, v. 105, p. 34. — Klimsch, O. J. G., 1917. Vogelzugsdaten 1916 für Umgebung Spittal a. d. Drau. Ibid., v. 106/107, p. 29—30. — Klimsch, O. J. G., 1917. Vogelzugsbeobachtungen aus der Umgebung von Spittal an der Drau. Gef. Welt, v. 46, p. 169. — Klimsch, O. J. G., 1917. Kleine Mitteilungen. Ibid., p. 375. — Klimsch, O. J. G., 1918. Vogelzugsdaten aus der Umgebung von Spittal an der Drau. Carinthia II, v. 108, p. 76. — Klimsch, O. J. G., 1918. Ornithologische Tagebuchnotizen (vom Plöckenpaß bis zum Glocknerhause gesammelt). Ibid., p. 76—78. — Klimsch, O. J. G., 1921. Vogelzugsbeobachtungen aus der Umgebung von Spittal a. d. Dr. Ibid., v. 109/110, p. 31—33. — Klimsch, O. J. G., 1922. Beobachtungen über das winterliche Vogelleben 1920/21 bei Spittal a. d. Drau. Ibid., v. 111, p. 43—44. — Klimsch, O. J. G., 1922. Ornithologische Notizen, Sommer 1921. Ibid., p. 44—45. — Klimsch, O. J. G., 1925. Besondere Beobachtungen über den Vogelzug im Herbst 1925 (Umgebung Klagenfurt). Ibid., v. 114/115, p. 72. — Klimsch, O. J. G., 1930. Interessante Vogelbeobachtungen in Kärnten 1928/29. Ibid., v. 119/120, p. 57. — Klimsch, O. J. G., 1934. Ein seltenes Naturschauspiel; Vogelleben im Überschwemmungsgebiet. Ibid., v. 43/44, p. 97—98. — Klimsch, O. J. G., 1935. Vogelkundliche Beobachtungen in Kärnten von Herbst 1934 bis Herbst 1935. Ibid., v. 45, p. 101—103. — Klimsch, O. J. G., 1936. Vogelkundliche Beobachtungen um Klagenfurt. Ibid., v. 46, p. 56—58. — Klimsch, O. J. G., 1937. Kleine vogelkundliche Beobachtungen um Klagenfurt. Ibid., v. 47, p. 94—95. — Klimsch, O. J. G., 1938. Kärntens gefiederte Sängerfürsten. Gef. Welt, v. 67, p. 313—314. — Klimsch, O. J. G., 1939. Kurzes Vogelkundliches zum Jahr 1938. Carinthia II, v. 49, p. 118 bis 119. — Klimsch, O. J. G., 1940. Kurzer vogelkundlicher Rückblick auf das Jahr 1939. Ibid., v. 50, p. 122—124. — Klimsch, O. J. G., 1941. Verzeichnis der heute noch in Kärnten vorkommenden Vögel. Ibid., v. 51, p. 135—151. — Klimsch, O. J. G., 1941. Zur Ökologie der Avifauna Kärntens (mit Osttirol). Ibid., p. 132—135. — Klimsch, O. J. G., 1942. Gedanken zum letzten Jahresbericht (1926—1933) des Ornithol. Observatoriums für Slowenien, heute Südkärnten. Ibid., v. 52, p. 108—111. — Klimsch, O. J. G., 1942. Vogelkundliche Tagebuchaufzeichnungen zu den Kriegsjahren 1940—1941. Ibid., p. 112—116. — Klimsch, O. J. G., 1944. Kurzer vogelkundlicher Jahresbericht 1943. Ibid., v. 54, p. 91—94. — Klimsch, O. J. G., 1944. Kleine vogelkundliche Jahresschau 1944. Ibid., p. 95—97. — Klimsch, O. J. G., 1946. Die Vogelwelt rund um die Herzogstadt St. Veit a. d. Glan im Kriegsjahre 1945 und Einschlägiges. Ibid., v. 55, p. 95—105. — Klimsch, O. J. G., 1947. Kurznachrichten über heimisches Vogelleben im Jahre 1946. Ibid., v. 56, p. 130—134. — Klimsch, O. J. G., 1948. Seltene Vögel in Kärnten. Ibid., v. 57, p. 186—189. — Klimsch, O. J. G., 1948. Feldornithologie in Kärnten. Ibid., p. 189—190. — Klimsch, O. J. G., 1950. Vogelkundliches Kärntner Allerlei von den Jahren 1948—1950. Ibid., v. 58/60, p. 163—167. — Klimsch, O. J. G., 1950. Vogelkundliches von den Flattnitzhöhen. Natur u. Land, v. 36, p. 79—80. — Klimsch, O. J. G., 1951. Vogelkundliche Nachrichten. Carinthia II, v. 61, p. 159—161. — Klimsch, O. J. G., 1952. Vogelkundliche Tagebuchblätter zum Jahre 1951. Ibid., v. 62, p. 151—152. — Klimsch, O. J. G., 1953. Vogelkundliche Tagebuchblätter zum Jahre 1952. Ibid., v. 63, p. 136. — Klimsch, O. J. G., 1955. Die Heidelerche (Lullula arborea) in Kärnten. Ibid., v. 65, p. 200. — Klimsch, O. J. G., 1955. Ornithologische Miscellen 1954. Ibid., p. 200—201. — Klimsch, O. J. G., 1956. Die Auswirkungen von Kulturveränderungen auf die Vogelwelt um Klagenfurt. Ibid., v. 66, p. 77—85. — Klimsch, O. J. G., 1957. Interessante Vogelkundliche Kärntner Jahresnachrichten. Ibid., v. 67, p. 156—159. — Klimsch, O. J. G., 1958. Von der Avifauna im Gebiete um Lölling. Ibid., v. 68, p. 176—178. — Klimsch, O. J. G., 1959. Die Vogelwelt des Klagenfurter Stadtkerns. Ibid., v. 69, p. 95—97. — Klimsch, O. J. G., Santner, E., u. Zifferer, A., 1930. Vogelkundliche Beobachtungen 1928/29. Ibid., v. 39/40, p. 57—59. — Klimsch, O. J. G., u. Santner, E., 1934. Vogelzugbeobachtungen im Klagenfurter Gebiet. Ibid., v. 43/44, p. 101—102. — Kloiber, A., 1955. Hänflingsschwärme in St. Martin bei Linz. Natur u. Land, v. 41, p. 11. — Kloiber, A., u. Rokitansky, G., 1934. Ein Fasanbastard der freien Wildbahn aus Aigen im Mühlkreis. Jahrb. Oberösterr. Musealver., v. 99, p. 250—258. — Klotz, C., 1955. Ein seltener Gast. Natur u. Land, v. 41, p. 178. — Knauer, F. K., 1887. Irrgäste in unserer Vogelfauna. Naturhistoriker, v. 8, p. 27—31. — Knauer, F. K., 1911. Über den letzten Zug des Steppenhuhnes. Centralbl. Forstw., v. 37, p. 189—191. — Knotek, J., 1892. Ornithologische Beobachtungen im Weitraer Gebiet, N. Ö. Mt. orn. Ver. Wien, v. 16, p. 1—3, 18—20. — Knotek, J., 1903. Ornithologische Notizen aus Obersteier. Orn. Jahrb., v. 14, p. 223—226. — Knotek, J., 1906. Seetaucher aus Untersteiermark. Ibid., v. 17, p. 140—141. — Knotek, J., 1907. Zum Zuge des Seidenschwanzes in Obersteier im Winter 1903/04. Ibid., v. 18, p. 141—142. — König, O., 1939. Wunderland der wilden Vögel. Verl. Gottschammel u. Hammer, Wien. — König, O., 1943. Rallen und Bartmeisen. Verl. Karl Kühne, Wien—Leipzig. — Kohlmayer, P., 1859. Der Reißkofel und seine östlichen Abhänge in naturhistorischer Beziehung. Jahrb. Landesmus. Kärnten, v. 4, p. 44—46. — Kollar, V., 1857. Der Stein- und Goldadler, Aquila fulva und Aquila chrysaëtos Linn., in der Nähe von Wien geschossen. Verh. Ver. Wien, v. 7, p. 140—141. —

Koller, A., 1892. Steinadler (A. fulva) in Oberösterreich geschossen. Orn. Jahrb., v. 3, p. 205. — Koller, A., 1898. Scops scops aus Niederösterreich. Ibid., v. 9, p. 199. — Koller, O., 1889. Ornithologische Beobachtungen in Oberösterreich. Orn. Monschr., v. 14, p. 313—317, 337—343, 367—371. — Koller, O., 1894. Kleine Mitteilungen. (Auftreten der weißäugigen Ente, A. leucophthalma, in Oberösterreich.) Ibid., v. 19, p. 69. — Koller, O., 1909. Somateria mollissima in Oberösterreich erlegt. Orn. Jahrb., v. 20, p. 153. — Koller, O., 1911. Wieder eine Somateria mollissima in Oberösterreich erlegt. Ibid., v. 22, p. 226. — Kravogl, H., 1874. (Sturmmöwe im Achenthal). Ber. Ver. Innsbruck, v. 4, SB., p. VI. — Kronprinz Rudolf v. Österreich, 1884. Gesammelte ornithologische und jagdliche Skizzen. K. k. Hof- u. Staatsdruck., Wien. — Kronprinz Rudolf v. Österreich, 1884. Ornithologische Beobachtungen aus der Umgebung Wiens. Mt. orn. Ver. Wien, v. 8, p. 33—34. — Kronprinz Rudolf v. Österreich, 1886. Notiz über Pastor roseus in Niederösterreich. Ibid., v. 10, p. 157. — Kronprinz Rudolf v. Österreich u. Brehm, A., 1879. Ornithologische Beobachtungen in den Auwäldern der Donau bei Wien. J. Orn., v. 27, p. 97—129. — Krüzner, A., 1938. Streptopelia decaocto bei Wiener Neustadt? Orn. Monber., v. 46, p. 120. — Kubli, H., 1930. Beobachtungen aus der Vogelwelt des unteren Rheintals. Jahrb. St. Gallen. Ges., v. 65 (1929/30), p. 495—508. — Kühnelt, W., 1948. Die Landtierwelt, mit besonderer Berücksichtigung des Lunzer Gebietes. In: Stepan, E., Das Ybbstal, v. 1, p. 90—154. — Kühnelt, W., 1962. Die Tierwelt in Steiermark. Mt. Ver. Steierm., v. 92, p. 47—72. (Aves: p. 49—51.) — Kühtreiber, J., 1947. Standorte der Gartenammer (Emberiza hortulana L.) und der Grauammer (Emberiza calandra L.) in Nordtirol. Natur u. Land, v. 33/34, p. 183. — Kühtreiber, J., 1950. Ornithologische Winterbeobachtungen um Innsbruck. Tirol. Heimatbl., v. 25, p. 173—180. — Kühtreiber, J., 1952. Die Vogelwelt der Lienzer Gegend. Lienz. Buch (Schlern-Schr., v. 98), p. 225—243. — Kühtreiber, J., 1954. Studien zum Vogelzug bei Innsbruck. Veröff. Mus. Ferdinand. Innsbruck, v. 32/33, p. 59—94. — Küsthardt, K. Kurze ornithologische Beobachtungen in Diezlings in Vorarlberg zwischen Lindau und Bregenz am Bodensee in der Zeit vom 15. Juli bis 8. August 1931. Anz. orn. Ges. Bayern, v. 2, p. 166—167. — Kullmann, K. Steinsperlinge. Gef. Welt, v. 29, p. 294. — Kummerlöwe, H., 1932. Beiträge zur Kenntnis der Avifauna des österreichischen und italienischen Alpengebietes unter besonderer Berücksichtigung der Frage nach Zugbewegung über das Hochgebirge (Hochpässe). 30. August bis 28. Oktober 1930. Mt. Vogelwelt, v. 31, p. 7—15, 48—53, 72—81, 106—113. — Kummerlöwe, H., 1933. Beiträge zur Kenntnis der Avifauna des österreichischen und italienischen Alpengebietes unter besonderer Berücksichtigung der Frage nach Zugbewegung über das Hochgebirge (Hochpässe). 30. August bis 28. Oktober 1930. Ibid., v. 32, p. 14—16. — Kumerlœve, H., 1955. Vom Säbelschnäbler am Neusiedlersee. Anblick, v. 10 (1955/56), p. 163—164. — Kumerlœve, H., 1957. Vom Waldrapp — einstmals Brutvogel in Österreich. Natur u. Land, v. 43, p. 21—22. — Latzel, R., 1876. Beiträge zur Fauna Kärntens. Jahrb. Landes-Mus. Kärnten, v. 12, p. 91—124. — Latzel, R., 1911. Die Rohrdrossel. Carinthia II, v. 101, p. 207—208. — Lauzil, C., 1910. Ornithologisches aus dem Waldviertel in Niederösterreich. Gef. Welt, v. 39, p. 415. — Lauzil, C., 1911. Die Avifauna der Donauauen zwischen Tulln und Krems. Mt. Vogelwelt, v. 11, p. 183—186, 206—212. — Lauzil, C., 1912. Der Tannenhäher in den österreichischen Alpen. Orn. Monschr., v. 37, p. 237—240. — Lazarini, L. v., 1887. Buteo desertorum Daud. Steppenbussard, Wüstenbussard. Z. Ferdinand. Innsbruck, v. 31, p. 237—241. — Lazarini, L. v., 1887. Erlegung eines Buteo desertorum Daud. in Tirol. Mt. orn. Ver. Wien, v. 11, p. 74. — Lazarini, L. v., 1890. Ornithologischer Bericht aus Tirol. Orn. Jahrb., v. 1, p. 98—99. — Lazarini, L. v., 1891. Der Adlerbussard, Buteo ferox (Gmel.) in Tirol erlegt. Ibid., v. 2, p. 229—231. — Lazarini, L. v., 1891. Vorkommen von Singschwänen (Cygnus cygnus) im Winter 1891 in Tirol. Ibid., p. 231—233. — Lazarini, L. v., 1893. Ornithologische Beobachtungen aus Tirol im Jahre 1892. Ibid., v. 4, p. 236—238. — Lazarini, L. v., 1897. Dunkelfarbiger Sichler (Plegadis falcinellus L.) in Tirol erlegt. Ibid., v. 8, p. 150. — Leiningen-Westen, A. zu, 1889. Ornithologische Notizen aus Kärnten. Mt. orn. Ver. Wien, v. 13, p. 385—387. — Leisler, B., 1962. Dünnschnabel-Brachvogel (Numenius tenuirostris) im Neusiedlerseegebiet. Egretta, v. 5, p. 10—13. — Leisler, B., 1962. Papageitaucher (Fratercula arctica) am Neusiedlersee. Ibid., p. 1—3. — Lesmüller, A., 1906. (Über Gypaëtus barbatus im Stubaital.) Verh. orn. Ges. Bayern, v. 6, p. 20. — Lindner, C., 1896. Muscicapa parva. Mt. orn. Ver. Wien, v. 20, p. 6—10, 42—57, 99—102. — Lindner, C., 1903. Reminiscenzen an eine ornithologische Reise durch Österreich-Ungarn und Bosnien im Jahre 1902. Orn. Monschr., v. 28, p. 209—223. — Lindner, O., 1908. Ornithologisches von meiner Urlaubsreise 1907. Ibid., v. 33, p. 376—387, 404—411. — Löwenstein, J. Prinz zu, 1920. Ornithologisches aus der Gegend von Zell am See. Waldrapp, v. 2, p. 9. — Lorenz-Liburnau, L. v., 1892. Die Ornis von Österreich-Ungarn und den Occupationsländern im k. k. naturhistorischen Hofmuseum zu Wien. Ann. Hofmus., v. 7, p. 306—372. — Lorenz-Liburnau, L. v., 1896. Buteo ferox in Niederösterreich. Orn. Jahrb., v. 7, p. 118. — Lorenz-Liburnau, L. v., 1896. Adlerbussarde in Niederösterreich. Mt. orn. Ver. Wien, v. 20, p. 41—42. — Lorenz-Liburnau, L. v., 1897.

Anas sponsa bei Wien erlegt. Orn. Jahrb., *v.* 8, p. 149—150. — Lorenz-Liburnau, L. v., 1901. Einige Daten über den Rosenstar vom Jahre 1899. Mt. orn. Ver. Wien, N. F., *v.* 2 (1900—1901), p. 163. — Lorenz-Liburnau, L. v., 1913. Ein Beitrag zum Wanderzuge des Seidenschwanzes (Ampelis garrulus) im Winter 1903—1904. Ibid., *v.* 3 (1902—1913), p. 31—33. — Lorenz-Liburnau, L. v., u. Sassi, M., 1913. Die ersten Ankunftszeiten verschiedener Zugvögel im Frühling der Jahre 1897—1903. Ibid., p. 35—133. — Lostorfer, R., 1955. Vom Alpenmauerläufer. Natur u. Land, *v.* 41, p. 178. — Lürzer, F. v., 1941. Das Bodenseeufer zwischen der alten und der neuen Rheinmündung in Vorarlberg. Bl. Naturk. Naturschutz, *v.* 28, p. 13—18. — Lugitsch, R., 1937. Emberiza cirlus Brutvogel bei Wien. Orn. Monber., *v.* 45, p. 202—204. — Lugitsch, R., 1938. Der Mauerläufer im Mödlinger Gebiete. Bl. Naturk. Naturschutz, *v.* 25, p. 177—178. — Lugitsch, R., 1939. Die Zaunammer Brutvogel im Wiener Gemeindegebiet. Ibid., *v.* 26, p. 69—71. — Lugitsch, R., 1941. Durchziehende Ringamseln. Ibid., *v.* 28, p. 104. — Lugitsch, R., 1947. Wintergäste auf der Donau. Natur u. Land, *v.* 33/34, p. 103. — Lugitsch, R., 1950. Neue Vogelarten im Vordringen aus dem Südosten. Ibid., *v.* 36, p. 190—191. — Lugitsch, R., 1952. Einiges aus der Biologischen Seestation in Neusiedl. Ibid., *v.* 38, p. 155 bis 156. — Lugitsch, R., 1952. Der Blutspecht im Neusiedler Seegebiet. Ibid., p. 46—47. — Lugitsch, R., 1953. Der Mornellregenpfeifer und andere Durchzügler im Seewinkel. Ibid., *v.* 39, p. 47—48. — Lugitsch, R., 1953. Ausschnitt vom Herbstdurchzug (Sept. 1952) im Neusiedler Seegebiet. Vogelk. Nachr. Österr., nr. 3, p. 3—4. — Lugitsch, R., 1953. Der Blutspecht — Dryobates syriacus — in Mödling. Vogelk. Nachr. Österr., nr. 3, p. 6—7. — Lugitsch, R., 1953. Interessantes vom südlichen Seewinkel. Vogelk. Nachr. Österr., nr. 3, p. 8—10. — Lugitsch, R., 1953. Achtung auf seltene Möwen. Ibid., p. 10—11, 12—13. — Lugitsch, R., 1953. Herbsttage und Winterausklang am Neusiedlersee. Ibid., p. 14—16. — Lugitsch, R., 1954. Überwinternde Emberiza c. cia L. — Zippammer und Emberiza cirlus L. — Zaunammer. Aquila, *v.* 55/58 (1948—1951), p. 297. — Lugitsch, R., 1954. Zur Ökologie des Phylloscopus b. bonelli Vieill. — Berglaubsänger. Ibid., p. 301—302. — Lugitsch, R., 1954. Rotkehlpieper und Stelzenläufer am Neusiedlersee. Vogelk. Nachr. Österr., nr. 5, p. 12—13. — Lugitsch, R., 1955. Crag-Martin in Styria. Aquila, *v.* 59/62 (1952—1955), p. 446. — Lunau, C., 1955. Steinsperlingsbeobachtungen in den Zillertaler Alpen. Vogelfreund, fasc. 10, p. 4. — Lunau, C., 1956. Steinsperling (Petronia petronia) im Zillertal. Vogelk. Nachr. Österr., nr. 7, p. 38. — Machura, L., 1941. Ein Alpenmauerläufer am Braunsberg. Bl. Naturk. Naturschutz, *v.* 28, p. 65. — Machura, L., 1941. Ein Nest des Fichtenkreuzschnabels. Ibid., p. 83. — Machura, L., 1944. Aus dem Naturschutzgebiet Rothwald. Ibid., *v.* 31, p. 50—67. — Machura, L., 1947. Steinadlerbeobachtungen. Ibid., *v.* 33/34, p. 214. — Machura, L., 1947. Interessante Kolkrabenbeobachtung. Ibid., p. 214. — Machura, L., 1949. Weißkopfgeier in den Hohen Tauern. Ibid., *v.* 35, p. 83. — Machura, L., 1950. Zum Vorkommen des Steinadlers in Österreich. Ibid., *v.* 36, p. 122—125. — Machura, L., 1951. Das Tier- und Pflanzenleben des Burgenlandes. Wien. — Machura, L., 1957. Schutz der Großtrappe in Niederösterreich. Natur u. Land. *v.* 43, p. 68. — Machura, L., 1959. Zum Adlerabschuß in Tirol. Ibid., *v.* 45, p. 4—7. — Marschall, A. F., 1879. Vergleichende Übersicht der Vogelfaunen von Krakau (Galizien), Arva (Oberungarn), Lilienfeld (Niederösterreich) und Salzburg, nach den Abhandlungen der Herren: E. Schauer, W. Rowland, Hans Neweklowsky in den „Mittheilungen des Ornithologischen Vereines in Wien" und der besonders erschienenen Ornis von Salzburg des Herrn V. von Tschusi zu Schmidhoffen. Mt. orn. Ver. Wien, *v.* 3, p. 79. — Marschall, A. F. Graf, u. Pelzeln, A. v., 1882. Ornis Vindobonensis. Die Vogelwelt Wiens und seiner Umgebung. Mit einem Anhang: Die Vögel des Neusiedler See's. Wien. — Mauersberger, G., 1960. Zur Verbreitung von Muscicapa parva in Österreich. Egretta, *v.* 3, p. 32. — Martl, W., 1937. Vogelbeobachtungen in Althofen und Umgebung. Carinthia II, *v.* 47, p. 89—93. — Mayer, G., 1956. Phänologische Daten einiger Singvögel (Linz—Steyr—Wels). Naturkundl. Jahrb. Linz, p. 381—389. — Mayer, G., 1958. Beiträge zur Ornis des mittleren Mühlviertels. Österr. Arbeitskr. Wildtierforsch., Jahrb. 1958, p. 8—18. — Mayer, G., 1960. Der Linzer Raum als Standort der letzten oberösterreichischen Kolonien des Graureihers (Ardea cinerea). Naturkundl. Jahrb. Linz, p. 327—346. — Mayer, G., 1961. Die Vogelwelt eines Wiesen-Hecken-Geländes im Semmeringgebiet. Österr. Arbeitskr. Wildtierforsch., Jubil.-Jahrb. 1960/61, p. 106—110. — Mayer, G., 1962. Untersuchungen an einer Kohlmeisenpopulation im Winter. Naturk. Jahrb. Linz, p. 295—328. — Mayer, G., u. Meerwald, F., 1958. Die Vogelwelt eines Augebietes bei Steyregg. Naturkundl. Jahrb. Linz, p. 295—306. — Mayer, G., u. Pertlwieser, H., 1955. Die Vogelwelt des Mündungsgebietes der Traun. Ibid., p. 347—355. — Mayer, G., u. Pertlwieser, H., 1956. Die Vogelwelt des Mündungsgebietes der Traun. Ibid., p. 391—398. — Mayr, E., 1926. Die Ausbreitung des Girlitz (Serinus canaria serinus L.). Ein Beitrag zur Tiergeographie. J. Orn., *v.* 74, p. 571—671. — Mazzucco, K., 1956. Vogelbeobachtungen im Obersulzbachtal. Natur u. Land, *v.* 42, p. 40—41. — Mazzucco, K., 1960. Vogelparadies Wallersee. Ibid., *v.* 46, p. 167—170. — Mazzucco, K., 1960. Bestandsschwankungen der Elster (Pica pica) im Lande Salzburg während der letzten 100 Jahre. Vogelk. Ber. Inform. Salzburg, nr. 1, p. 2—3. — Mazzucco, K., 1961. Über den Durchzug einiger Limicolen-Arten in Salzburg. Ibid., nr. 5—6, p. 1—6. — Mazzucco, K., 1962. Ergänzende Bemerkungen zu den Beobachtungen von Dreizehenmöwe und Kaiseradler (Beobachtungsprotokoll). Ibid., nr. 9, p. 5—6. — Mazzucco, K., 1963. Bericht über die bisher im Obersulzbachtal beobachteten Vogelarten. Ibid., nr. 14, p. 1—5. — Meerwald, F., 1955. Die Kormorankolonie bei Linz. Naturkundl. Jahrb. Linz, p. 331—340. — Meise, W., 1928. Die Verbreitung der Aaskrähe (Formenkreis Corvus corone L.). J. Orn., v. 76, p. 1—203. — Meise, W., 1936. Zur Systematik und Verbreitungsgeschichte der Haus- und Weidensperlinge, Passer domesticus (L.) und hispaniolensis (T.). J. Orn., v. 84, p. 631—672. — Michel, J., 1892. Einige ornithologische Reiseerinnerungen. Mt. orn. Ver. Wien, v. 16, p. 149—151, 163—164, 176—177, 187—188, 199—200, 209—210. — Michel, J., 1905. Ornithologische Notizen aus den Alpen. Orn. Jahrb., v. 16, p. 144—152. — Michel, J., 1910. Ornithologische Reiseskizzen. Orn. Jahrb., v. 21, p. 18—30. — Michel, J., 1914. Ornithologische Reiseskizzen. Ibid., v. 25, p. 182—191. — Michel, J., 1917—18. Ornithologische Reiseskizzen. Ibid., v. 28, p. 1—18, 136—153. — Milani, E., 1940. Stein-, Schnee- und Haselhuhn. Bl. Naturk. Naturschutz, v. 27, p. 123—126. — Milani, E., 1943. Die Waldschnepfe als Brutvogel im Donau- und Alpenraum. Ibid., v. 30, p. 33—36. — Mintus, A., 1910. Ornithologische Notizen. Tierwelt, Wien, v. 9, p. 124, 186. — Mintus, A., 1910. Eine ornithologische Exkursion in den Wienerwald. Ibid., p. 155—157. — Mintus, A., 1911. Ornithologische Notizen. Ibid., v. 10, p. 84. — Mintus, A., 1910. Aus Niederösterreich. Mt. Vogelwelt, v. 10, p. 191. — Mintus, A., 1912. Über den Tannenhäher 1911/12 im Wiener Becken. Orn. Jahrb., v. 23, p. 210—212. — Mintus, A., 1912. Die Vogelwelt des Praters. Mt. Vogelwelt, v. 12, p. 93—98, 114—118. — Mintus, A., 1916. Die aus Niederösterreich als Brutvögel verschwundenen Raubvogelarten. Orn. Jahrb., v. 27, p. 33—44. — Mintus, A., 1916. Systematische Übersicht über die für den Wiener Prater festgestellten Vogelarten. Mt. Vogelwelt, v. 16, p. 152—158. — Mintus, A., 1926. Der Weiße Storch in Niederösterreich. Bl. Naturk. Naturschutz, v. 13, p. 63—66. — Mintus, A., 1927. Ornithologisches aus Wiens Umgebung. Ibid., v. 14, p. 65—67. — Mintus, A., 1927. Zur Verbreitung des Waldbaumläufers. Ibid., p. 112—113. — Mintus, A., 1927. Unser Krähenvolk. Ibid., p. 109—112. — Mintus, A., 1928. Unser Krähenvolk. Ibid., v. 15, p. 13—16. — Mintus, A., 1928. Die Mattkopfmeise (Parus atricapillus) in Niederösterreich. Orn. Monber., v. 36, p. 151. — Mintus, A., 1929. Ornithologische Streifzüge und Beobachtungen aus der Umgebung Wiens. Bl. Naturk. Naturschutz, v. 16, p. 78—82. — Mintus, A., 1929. Die beiden Certhia-Arten in der Umgebung Wiens. Verh. Ges. Wien., v. 79, p. 27—33. — Mintus, A., 1929. Bericht über meine ornithologischen Sommerbeobachtungen. Ibid., p. 86—91. — Mintus, A., 1930. Der Rotfußfalk (Falco vespertinus L.), Brutvogel in Oberösterreich. Orn. Monber., v. 38, p. 49—50. — Mintus, A., 1930. Branta ruficollis (Pall.) in Österreich. Ibid., p. 54—55. — Mintus, A., 1931. Merops apiaster L. Brutvogel in Niederösterreich. Ibid., v. 39, p. 87—88. — Mintus, A., 1933. Über einige seltenere Brutvögel Österreichs. Bl. Naturk. Naturschutz, v. 20, p. 67—68. — Mintus, A., u. Sassi, M., 1932. Ornithologische Beobachtungen aus Österreich, 1930/31. Verh. Ges. Wien, v. 82, p. 111—117. — Mojsisovics, A. v., 1885. Ornithologische Notizen aus Steiermark. Mt. orn. Ver. Wien, v. 9, p. 6—7. — Mojsisovics, A. v., 1887. Über einige seltenere Erscheinungen in der Vogelfauna Österreich-Ungarns. Mt. Ver. Steiermark, 1886, p. 74—86. — Mojsisovics, A. v., 1892. Otis tetrax in Steiermark. Orn. Jahrb., v. 3, p. 34. — Mojsisovics, A. v., 1892. Zippammer (Emberiza cia L.) in Obersteiermark. Ibid., p. 79. — Mojsisovics, A. v., 1894. Aquila imperialis (Bechst.) in Steiermark. Ibid., v. 5, p. 26 bis 27. — Mojsisovics, A. v., 1894. Aquila imperialis in Steiermark. Orn. Monber., v. 2, p. 23. — Mojsisovics, A. v., 1897. Das Thierleben der österreichisch-ungarischen Tiefebene. Wien. — Molitor, 1934. Der Schwarzstorch auf der Perchtoldsdorfer Heide. Bl. Naturk. Naturschutz, v. 21, p. 96. — Müller, A., 1927. Beobachtungen zwischen Kufstein und dem Scheffauer Kaiser. Anz. orn. Ges. Bayerns, v. 1, p. 110. — Müller, A., 1927. Beobachtungen im Zillertal. Ibid., p. 110—111. — Müller, A., 1930. Beobachtungen in Tirol. Ibid., v. 2, p. 100—101. — Müller-Using, D., 1955. Rauhfuß- und Sperlingskauz im Bezirk Judenburg. Z. Jagdwiss., v. 1, p. 151. — Murr, F., 1939. Brutvögel Österreichs neu für Deutschland. Orn. Monber., v. 47, p. 15. — Murr, F., 1956. Steinsperlingsbeobachtungen in den Berchtesgadener Alpen. Vogelk. Nachr. Österr., nr. 7, p. 39. — Münch, H., 1958. Zum Vorkommen der Feldlerche (Alauda arvensis) in den Hochalpen. Vogelwelt, v. 79, p. 15—17. — Naumann, J. F., 1897—1905. Naturgeschichte der Vögel Mitteleuropas. Verl. Fr. E. Köhler, Gera-Untermhaus. 12 vol. — Nehring, A., 1883. Die ehemalige Verbreitung der Schneehühner in Mitteleuropa. Mt. orn. Ver. Wien, v. 7, p. 43—45. — Neubaur, F., 1954. Ein Bartgeier (Gypaëtus barbatus) in den Hohen Tauern. Orn. Mt., v. 6, p. 164. — Neugebauer, H., 1935. Kleine Beiträge zur Tiroler Vogelkunde. Tirol. Heimatbl., v. 13, p. 189—193. — Newald, J., 1878. Seltene Vögel in der Umgebung Wiens. Mt. orn. Ver. Wien, v. 2, p. 1—4, 18—22. — Newald, J., 1878. Seltene Gäste. Ibid., p. 26. — Neweklowsky, H., 1877. Über die Vogelfauna von Lilienfeld. Ibid., v. 1, p. 57—58, 65—68,

76—79, 87—90. — Neweklowsky, H., 1878. Pyrrhocorax alpinus, die Alpendohle am Ötscher. Ibid., *v.* 2, p. 114—116. — Neweklowsky, H. 1879. Ein Ausflug nach den Oetscherhöhlen als Brutstätten der Alpendohle (Pyrrhocorax alpinus Vieill.). Ibid., *v.* 3, p. 61—64. — Neweklowsky, H., 1879. Über das Vorkommen des Uhus (Bubo maximus) im Lilienfelder Bezirk. Ibid., p. 80. — Niethammer, G., 1937—1942. Handbuch der deutschen Vogelkunde. 3 vol. Akademische Verlagsgesellschaft, Leipzig. — Niethammer, G., 1938. Welche Brutvögel Österreichs sind neu für Deutschland? Orn. Monber., *v.* 46, p. 101—107. — Niethammer, G., 1940. Vogelbeobachtungen am Neusiedler See. D. Vogelwelt, *v.* 65, p. 97—100. — Niethammer, G., 1940. Zum Vorkommen des Rotkehlpiepers in der Ostmark. Orn. Monber., *v.* 48, p. 89—90. — Niethammer, G., 1940. Zum Brutvorkommen der Zwergseeschwalbe in der Ostmark. Ibid., p. 109—112. — Niethammer, G., 1940. Der Würgfalke (Falco cherrug) in der Ostmark. Ibid., p. 141—144. — Niethammer, G., 1940. Motacilla flava feldegg Michah. in der Ostmark. Ibid., p. 163. — Niethammer, G., 1943. Die Türkentaube in Wien. Ibid., *v.* 51, p. 96—97. — Niethammer, G., 1943. Haematopus ostralegus longipes Buturlin in Deutschland. Ibid., p. 149—150. — Niethammer, G., 1943. Vom Zwergfliegenschnäpper im Wienerwald. Beitr. Fortpflbiol. Vög., *v.* 19, p. 166—167. — Niethammer, G., 1943. Die Brut der Türkentaube in Wien. J. Orn., *v.* 91, p. 296—304. — Niethammer, G., 1956. Zur Vogelwelt Südtirols. Orn. Mt., *v.* 8, p. 6—11. — Niethammer, G., 1958. Das Brutgebiet und Winterquartier des Rotkehlpiepers, Anthus cervinus. Beitr. Vogelk., *v.* 6, p. 79—87. — Niethammer, G., 1958. Das Mischgebiet zwischen Passer d. domesticus und Passer d. italiae in Süd-Tirol. J. Orn., *v.*99, p. 431—437. — Niethammer, G., u. Thiede, W., 1962. Der Fichtenammer, Emberiza leucocephala, als Besucher Europas. Ibid., *v.* 103, p. 289—293. — Noll, H., 1955. Zwergtrappe im Fußacher-Ried. Orn. Beob., *v.* 52, p. 58. — Nowack, M., 1905. Zum Vorkommen der Wacholderdrossel in Österreich. Mt. Vogelwelt, *v.* 5, p. 135. — Opitz, M., 1944. Ornithologische Beobachtungen im Ötztal. Ber. Ver. Schles. Orn., *v.* 29, p. 38—40. — Panzner, H., 1889. Ornithologische Beobachtungen vom 20. Juli bis ultimo 1888 in Emmersdorf a. d. Donau, Nied.-Öst. Mt. orn. Ver. Wien, *v.* 13, p. 271—273, 278—282. — Pelzeln, A. v., 1871. Ein Beitrag zur ornithologischen Fauna der österr.-ungarischen Monarchie. Ver. Ges. Wien, *v.* 21, p. 689—730. —Pelzeln, A. v., 1874. Zweiter Beitrag zur ornithologischen Fauna der österreichisch-ungarischen Monarchie. Ibid., *v.* 24, p. 559—568. — Pelzeln, A. v., 1876. Verzeichnis der von Herrn Julius Finger dem kaiserlichen Museum als Geschenk übergebenen Sammlung einheimischer Vögel. (Als dritter Beitrag zur ornithologischen Fauna der österreichisch-ungarischen Monarchie.) Ibid., *v.* 26, p. 153—162. — Pelzeln, A. v., 1876. Vierter Beitrag zur ornithologischen Fauna der österreichisch-ungarischen Monarchie. Ibid., p. 163—166. — Peters, H., 1958. Dreizehenspecht auf der Vorderen Mandling in Niederösterreich. Vogelk. Nachr. Österr., nr. 8, p. 1—2. — Peters, H., 1960. Gelbbrauenlaubsänger (Phylloscopus inornatus) in Wien beobachtet. Egretta, *v.* 3, p. 6—7. — Peters, H., 1960. Lasurmeise (Parus cyaneus) am Neusiedlersee gefangen. Ibid., p. 14. — Peters, H., 1961. Hat der Zwergadler 1960 im Lainzer Tiergarten gebrütet? Ibid., *v.* 4, p. 21—22. — Peters, H., u. Ganso, M., 1958. Eismöwe (Larus hyperboreus) am Donaustrom bei Wien. Orn. Mt., *v.* 10, p. 113. — Perzina, E., 1891. Der Zwergfliegenschnäpper (Muscicapa parva Bechstein) im Wiener Prater. Orn. Jahrb., *v.* 2, p. 238—241. — Perzina, E. 1897. Beobachtungen an einem gefangenen Kappenammer (Emberiza melanocephala) und Zwergammer (E. pusilla). Mt. orn. Ver. Wien, *v.* 21, p. 93—94. — Peterson, R., Mounfort, G., u. Hollom, P. A. D., 1954. Die Vögel Europas. Verl. Paul Parrey, Hamburg/Berlin. — Pfannl, E., 1887. Der Tannenhäher als Brutvogel bei Lilienfeld (Niederösterreich). Mt. orn. Ver. Wien, *v.* 1, p. 69—70, 83—85. — Pfeiffer, A., 1887. Die Vogelsammlung in der Sternwarte zu Kremsmünster. 37. Progr. Obergymn. Kremsmünster, p. 3—47. — Pichelmayer, E., 1956. Ornithologische Beobachtungen an den Fischteichen bei Kirchberg a. d. Raab (Oststeiermark). Mt. Ver. Steierm., *v.* 86, p. 18. — Pircher, E., 1949. Seidenschwänze in Krems. Natur u. Land, *v.* 35, p. 148. — Pircher, E., 1949. Die Türkentaube (Streptopelia decaocto). Natur u. Land, *v.* 36, p. 40. — Plaz, J. Graf, 1892. Über einige um Freudenau bei Radkersburg in Steiermark vorkommende Vögel. Orn. Jahrb., *v.* 3, p. 69—71. — Plaz, J. Graf, 1910. Raubmöwen im Salzburgischen. Ibid., *v.* 21, p. 61. — Plaz, J. Graf, 1910. Die Wacholderdrossel im Salzburgischen. Ibid., p. 166—170. — Plaz, J. Graf, 1911. Ornithologische Beobachtungen aus Salzburg und dem Salzburgischen. Ibid., *v.* 22, p. 118—140, 161 bis 176. — Plaz, J. Graf, 1912. Das Brüten von Turdus pilaris bei Salzburg. Ibid., *v.* 23, p. 68—71. — Plaz, J. Graf, 1916. Möwen im Hochgebirge. Ibid., *v.* 27, p. 50. — Plaz, J. Graf, 1917. Zugsbeobachtungen aus dem Pongauer Ennstale. Ibid., *v.* 28, p. 35—46. — Pleyel, J. v., 1890. Die Wacholderdrossel (Turdus pilaris L.) vermutlich Brutvogel im Wienerwald. Ibid., *v.* 1, p. 19. — Pleyel, J. v., 1901. Ein Beitrag zur Ornis vindobonensis. Orn. Monschr., *v.* 26, p. 285 bis 299, 334—343, 357—368, 391—398. — Podhorsky, J., 1926. Zum Storchenmord im Zillertal. Bl. Naturk. Naturschutz, *v.* 13, p. 24—25. — Prazák, J. P., 1895. Versuch einer Monographie der palaearktischen Sumpfmeisen (Poecile Kaup). Orn. Jahrb., *v.* 6, p. 8—59, 65—99. —

Prenn, F., 1921. Ornithologisches aus Kufstein. Waldrapp, v. 3, p. 11. — Prenn, F., 1929. Über das Vorkommen von Felsenschwalbe und Zwergfliegenfänger (Riparia rupestris [Scop.] und Muscicapa parva parva Bechst.) in der Umgebung von Kufstein (Nordtirol). Orn. Monber., v. 87, p. 33—35. — Prenn, F. 1931. Ornithologisches aus der Gegend von Kufstein. Veröff. Mus. Ferdinand. Innsbruck, fasc. 11, p. 15—37. — Prenn, F., 1932. Beobachtungen am Nest des Berglaubsängers. Orn. Monber., v. 40, p. 7—12. — Prenn, F., 1936. Beobachtungen zur Lebensweise des Weidenlaubsängers (Phylloscopus collybita Vieill.). J. Orn., v. 84, p. 378—386. — Prenn, F., 1937. Beobachtungen zur Lebensweise der Felsenschwalbe (Riparia rupestris [Scop].). Ibid., v. 85, p. 577—586. — Prenn, F., 1950. Der Zwergfliegenschnäpper im Gebiete von Kufstein (Tirol). Columba, fasc. 2, p. 18. — Priesner, A., 1919. Winterliches Vogelleben an der oberen Donau. Mt. Vogelwelt, v. 18, p. 20. — Psenner, H., 1955. Vom Abendfalken, Falco vespertinus L. Zool. Gart., N. F., v. 20, p. 150—152. — Psenner, H., 1960. Bemerkenswerte Vogelbeobachtungen aus Nordtirol. Egretta, v. 3, p. 9—13. — Psenner, J., 1960. Das „Brutvorkommen" des Rötelfalken in Nordtirol. Ibid., p. 64. — Purtscher, E., 1955. Mornellregenpfeifer auf der Rax. Natur u. Land, v. 41, p. 178. — Puschnigg, R., 1914. Wanderungen des Seidenschwanzes. Carinthia II, v. 104, p. 62—63. — Puschnigg, R., 1925. Wintergäste im Überschwemmungsgebiete. Ibid., v. 114/115, p. 73—74. — Puschnigg, R., 1926. Vogelkundliche Beobachtungen 1926. Ibid., v. 36, p. 17—19. — Puschnigg, R., 1928. Ornithologisches aus „Weidmannsheil". Ibid., v. 37/38, p. 56—57. — Puschnigg, R., 1934. Vogelkundliche Beobachtungen der letzten Jahre in Kärnten. Ibid., v. 43/44, p. 97—104. — Puschnigg, R., 1935. Vogelkundliche Beobachtungen in Kärnten von Herbst 1934 bis Herbst 1935. Ibid., v. 45, p. 101—103. — Reindl, M., 1942. Vogelbeobachtungen in der Leutasch. Tirol. Heimatbl., v. 20, p. 56—61. — Reindl, M., 1950. Adlerhorst im Gaistal. Natur u. Land, v. 36, p. 54. — Reiser, E., 1891. Wanderzüge von Lestris parasitica, Linn. und L. pomatorhina, Temm., der Schmarotzer- und mittleren Raubmöwe nach dem Süden. Mt. orn. Ver. Wien, v. 15, p. 53—54. — Reiser, O., 1883. Drei Bewohner der hohen Wand bei Wr. Neustadt. Ibid., v. 7, p. 254. — Reiser, O., 1884. Tichodroma muraria, der Alpenmauerläufer als Brutvogel in der Umgebung Wiens. Ibid., v. 8, p. 173. — Reiser, O., 1885. Der Kolkrabe in den österreichischen Alpenländern. Ibid., v. 9, p. 50—52, 65—67, 73—75. — Reiser, O., 1886. Picus leuconotus ♂, der weißrückige Specht aus Salzburg. Ibid., v. 10, p. 184—186. — Reiser, O., 1886. Das Rabenwaldl im Prater. Ibid., p. 307—308, 318—319. — Reiser, O., 1925. Über den Zug nordischer Wildgänse im Winter 1924/25 nach der Umgebung von Wien. Orn. Monber., v. 33, p. 101—104. — Reiser, O., 1930. Ornithologische Mitteilungen. Verh. Ges. Wien, v. 80, p. 90—92. — Reiser, O., 1930. Seidenschwänze in Steiermark. Mt. Vogelwelt, v. 29, p. 78. — Remold, H., 1958. Ein Beitrag zur Verbreitung des Zitronenzeisigs (Carduelis c. citrinella Pall.) in den Bayerischen Alpen. Anz. orn. Ges. Bayern, v. 5, p. 45—48. — Rennetseder, H., 1929. Aus Oberösterreich. Mt. Vogelwelt, v. 28, p. 47. — Rennetseder, H., 1930. Herbstzug im Donautal bei Linz. Ibid., v. 29, p. 57. — Rennetseder, H., 1930. Herbstbeobachtungen aus Oberösterreich. Ibid., p. 130. — Reßl, F., 1959. Nordische Ringdrossel als Durchzügler im Erlaftal, Niederösterreich. Egretta, v. 2, p. 76. — Reßl, F., 1960. Vogelkundliches aus der Gegend von Purgstall (N. Ö.). Uns. Heimat, v. 31, p. 203—208. — Reßl, F., 1961. Die Würger des Purgstaller Gebietes. Egretta, v. 4, p. 55—56. — Ribbek, K., 1906. Aus Steiermark. Mt. Vogelwelt, v. 6, p. 23. — Ribbek, K., 1906. Aus Niederösterreich. Ibid., p. 54. — Richter, E., 1897. Von dem Steinröthel (Petrocincla saxatilis) und von einem weißen Staar. Mt. orn. Ver. Wien, v. 8, p. 36—38. — Richters, W., 1951. Der Alpenmauerläufer, Tichodroma muraria (L.) in der Umgebung von Salzburg. Orn. Mt., v. 3, p. 252—253. — Ringleben, H., 1953. Vom Zug der Spornammer durch West-Europa, insbesondere im Herbst 1950. Vogelwelt, v. 74, p. 1—7. — Rohrhofer, J., 1933. Vogelzugsbeobachtungen auf der Welser Heide. Bl. Naturk. Naturschutz, v. 20, p. 5—6. — Rohrhofer, J., 1934. Vogelzugsbeobachtungen auf der Welser Heide. Ibid., v. 21, p. 25—26. — Rokitansky, G., 1924. Aus der Umgebung von Graz in Steiermark. Mt. Vogelwelt, v. 23, p. 37. — Rokitansky, G., 1939. Zur Verbreitung der Wasseramseln, speziell der Rasse Cinclus cinclus orientalis Stres. Ann. Mus. Wien, v. 49, p. 282—294. — Rokitansky, G., 1947. Die Haselhuhnrassen Österreichs. Österr. Weidwerk, p. 87. — Rokitansky, G., 1949. Mauerläufer und Seidenschwänze in Wien. Natur u. Land, v. 35, p. 148. — Rokitansky, G., 1919. Vogelkundliche Beobachtungen aus dem oberen Mürztal. Ibid., p. 173—174. — Rokitansky, G., 1950. Ein Adlerbussard aus Niederösterreich. Ibid., v. 36, p. 189. — Rokitansky, G., 1952. Zum Brüten des Rotfußfalken (Falco vespertinus L.) am Neusiedlersee. Vogelkundl. Nachr. Österr., nr. 2, p. 4. — Rokitansky, G., 1952. Der Sibirische Weidenlaubsänger bei Wien. Vogelwelt, v. 73, p. 211—212. — Rokitansky, G., 1956. Der Grönländische Birkenzeisig (Carduelis flammea rostrata) erstmalig für Österreich nachgewiesen. Vogelk. Nachr. Österr., nr. 7, p. 36. — Rokitansky, G., 1957. Stieglitzschwarm im Stadtzentrum von Wien. Natur u. Land, v. 43, p. 67. — Rokitansky, G., 1961. Durchzug von Trauerseeschwalben (Chlidonias nigra) am Längsee. Egretta, v. 4, p. 76—77. — Rokitansky, G., 1962. Ein Rebhuhn im Stadtzentrum von Wien. Ibid., v. 5, p. 25. — Rosenkranz, A., 1932. Vogelleben im Traisen- und Gölsengebiet. Bl. Naturk. Naturschutz, v. 19, p. 23—24. — Rosenkranz, A., 1935. Vom Schnepfenstrich in Österreich. Ibid., v. 22, p. 36—38. — Roth, J., 1907. Aus Oberösterreich. Mt. Vogelwelt, v. 7, p. 111. — Roth, J., 1910. Der Rauhfußkauz bei Wels (Oberösterreich). Orn. Jahrb., v. 21, p. 109. — Roth, J., 1910. Stercorarius parasiticus (L.), Schmarotzerraubmöwe in Oberösterreich. Ibid., p. 189. — Roth, J., 1919. Oberösterreich. Waldrapp, v. 1, p. 19, 26—27. — Roth, J., 1920. Ornithologische Notizen aus Oberösterreich und Niederösterreich. Ibid., v. 2, p. 10. — Rulf, F., 1955. Der Rötelfalke — ein neuer Brutvogel in Tirol. Anblick, v. 10, p. 23. — Rzehak, E. C. F., 1893. Das Vorkommen und die Verbreitung des Zwergfliegenfängers (Muscicapa parva Bechst.) in Österreich-Ungarn. Mt. orn. Ver. Wien, v. 17, p. 161—163. — Rzehak, E. C. F., 1894. Das Vorkommen und die Verbreitung des Zwergfliegenfängers (Muscicapa parva Bechst.) in Österreich-Ungarn. Ibid., v. 18, p. 1—3, 18—20, 35—36, 53—56. — Rzehak, E. C. F., 1894. Zum Vorkommen der Uria brünnichi Sab. in Österreich. Orn. Monber., v. 2, p. 55. — Rzehak, E. C. F., 1895. Der Frühlings- und Herbstzug des grauen Kranichs (Grus cinerea L.) in Österreich-Ungarn. Mt. orn. Ver. Wien, v. 19, p. 130—137. — Sammereyer, H., 1908. Einige ornithologische Beobachtungen aus Obdach. Mt. Vogelwelt, v. 8, p. 12—13, 29—30. — Sammereyer, H., 1908. Sommer im Bergwalde. Ibid., p. 99—100, 108—109. — Sammereyer, H., 1909. Ornithologisches aus der grünen Steiermark. Mt. Vogelwelt, v. 9, p. 171—172. — Sammereyer, H., 1909. Wiedereinbürgerung des Uhus im deutschen und österreichischen Waldgebiete. Ibid., p. 189—190. — Sanden, W. v., 1946. Brut der kleinen Rohrdommel, Ixobrychus minutus minutus (L.) am Hafnersee. Carinthia II, v. 55, p. 94. — Sandner, M., 1925. Allerhand aus Tirol. Gef. Welt, v. 54, p. 597—598. — Sandner, M., 1929. Vorkommen des Mauerläufers, Tichodroma muraria (L.) an der Stadtperipherie Innsbruck. Ibid., v. 58, p. 587. — Sandner, M., 1930. Vorkommen des Alpenmauerläufers in Innsbruck. Ibid., v. 59, p. 155. — Sandner, M., 1937. Allerlei aus Tirol. Ibid., v. 66, p. 169—170. — Sandner, M., 1941. Sperlingskauz im Schutzgebiet „Ahrnberg" bei Innsbruck. D. Vogelwelt, v. 66, p. 105—106. — Santner, E., 1920. Auftreten von Uraleulen (Syrnium uralense) bei Klagenfurt. Waldrapp, v. 2, p. 10. — Santner, E., 1921. Beiträge zur Vogelkunde Kärntens. I. Ornithologische Beobachtungen und Vogelzugsdaten aus Klagenfurt und seiner Umgebung, insbesondere aus den Anlagen der Landes-Wohltätigkeitsanstalten. Carinthia II, v. 109/110, p. 28—31. — Santner, E., 1922. Vogelzugsbeobachtungen aus Klagenfurt und Umgebung. Ibid., v. 111, p. 38—40. — Santner, E., 1922. Vogelkundliche Beobachtungen im Kärntner Nockgebiet. Ibid., p. 41—42. — Santner, E., 1923. Vogelzugsbeobachtungen aus Klagenfurt und Umgebung 1922 und 1923. Ibid., v. 112/113, p. 141—143. — Santner, E., 1925. Vogelzugsbeobachtungen aus Klagenfurt und Umgebung 1924 und 1925. Ibid., v. 114/115, p. 70—72. — Santner, E., 1928. Ornithologische Beobachtungen in Kärnten, besonders in und um Klagenfurt 1927. Ibid., v. 37/38, p. 56. — Santner, E., 1930. Ornithologische Beobachtungen in Klagenfurt und Umgebung 1928/29. Ibid., v. 39/40, p. 58—59. — Santner, E., 1931. Aus Kärnten. Bl. Naturk. Naturschutz, v. 18, p. 16. — Santner, E., 1934. Wanderfalke und Mäusebussard. Carinthia II, v. 43/44, p. 98. — Santner, E., 1934. Herbstbeobachtungen an Wespenbussarden. Ibid., p. 98—99. — Santner, E., 1935. Vogelzug und Vogelbeobachtungen um Klagenfurt. Bl. Naturk. Naturschutz, v. 22, p. 110—111. — Santner, E., 1937. Vogelzug und Vogelbeobachtungen im Jahre 1936 um Klagenfurt. Ibid., v. 24, p. 113—114. — Santner, E., 1942. Der Frühjahrsvogelzug in Kärnten. Ibid., v. 29, p. 156—157. — Santner, E., 1943. Der Frühjahrsvogelzug in Kärnten. Ibid., v. 30, p. 74—75. — Santner, E., 1947. Der Frühjahrsvogelzug in Mittelkärnten. Natur u. Land, v. 33/34, p. 216. — Santner, E., Klimsch, O., Zifferer, A., u. Wutte, F., 1926. Vogelkundliche Beobachtungen 1926. Carinthia II, v. 116, p. 17—19. — Sassi, M., 1910. Ornithologischer Bericht über die I. Internationale Jagdausstellung Wien 1910. Orn. Jahrb., v. 21, p. 217—225. — Sassi, M., 1927. Das Vorkommen eines Mauerläufers (Tichodroma muraria L.) im Naturhistorischen Museum in Wien. Bl. Naturk. Naturschutz, v. 14, p. 18. — Sassi, M., 1936. Störche in Österreich in den Jahren 1934 und 1935. Ibid., v. 23, p. 5—8. — Sauerwein, R., 1930. Naturbeobachtungen aus Tirol. Ibid., v. 17, p. 35—37. — Sauerwein, R., 1933. Der Kiebitz als Gast in Tirol. Mt. Vogelwelt, v. 32, p. 39—42. — Sauerwein, R., 1935. Die Nachtigall in Tirol. Bl. Naturk. Naturschutz, v. 22, p. 66—71. — Sauerwein, R., 1935. Vom Sprosser in Tirol. Ibid., p. 112. — Sauerwein, R., 1951. Der Storch in Nordtirol. Columba, v. 3, p. 23. — Sauerzopf, F., 1953. Coloeus monedula turrium Brehm 1831 — zum Brutvorkommen im nördlichen Burgenland. Burgenl. Heimatbl., v. 15, p. 86—87. — Sauerzopf, F., 1954. Zur Kenntnis der Veränderungen in der einheimischen Vogelwelt. Ibid., v. 16, p. 142—144. — Sauerzopf, F., 1955. Zur Kenntnis des Brutvorkommens der Zwergeule — Otus scops — im Burgenland. Ibid., v. 17, p. 39—40. — Schäfer, M. N., 1955. Das Blaukehlchen im Lande Salzburg. Mt. naturw. Arbeitsgem. Haus d. Natur, Salzburg, Zool. Arbeitsgr., v. 5/6 (1954/55), p. 68—69. — Schaffer, A., 1899. Erste Ankunft der Zugvögel in Mariahof in Steiermark (1840 bis 1899). Orn. Jahrb., v. 10, p. 188—190. — Schaffer, A.,

1899. Die Ankunft des Kuckucks in Mariahof. Aquila, *v.* 6, p. 101. — Schaffer, A., 1900. Ankunft und Abzug der Zugvögel in Mariahof in Steiermark vom Jahre 1840—1899. Orn. Jahrb., *v.* 11, p. 132—152. — Schaffer, A., 1903. Ornithologisches aus Mariahof. Ibid., *v.* 14, p. 143 bis 144. — Schaffer, A., 1904. Pfarrer P. Blasius Hanf als Ornitholog. Selbstverl. d. Benediktiner-Abtei St. Lambrecht. — Schaffer, A., 1905. Ornithologische Beobachtungen in Mariahof (Obersteiermark) im Jahre 1904. Orn. Jahrb., *v.* 16, p. 205—221. — Schaffer, A., 1906. Ornithologische Beobachtungen in Mariahof (Obersteiermark) im Jahre 1905. Ibid., *v.* 17, p. 210—211. — Schaffer, A., 1906. Katalog über das naturwissenschaftliche Museum im Benediktinerstifte St. Lambrecht. Selbstverlag. — Schaffer, A., 1907. Ornithologische Zugbeobachtungen aus Mariahof 1906. Orn. Jahrb., *v.* 18, p. 208—217. — Schaffer, A., 1909. Ornithologisches aus Mariahof vom Jahre 1907. Ibid., *v.* 20, p. 63—71. — Schaffer, A., u. Noggler, J., 1907. Ornithologische Beobachtungen aus Mariahof 1906. Ibid., *v.* 18, p. 208—217. — Schaffer, A., u. Noggler, J., 1909. Ornithologische Beobachtungen in Mariahof. Ibid., *v.* 20, p. 210—214. — Schaller, F., 1891. Ardea purpurea L. in Obersteiermark brütend. Ibid., *v.* 2, p. 114—115. — Schalow, H., 1878. Lanius major Pall. in Österreich. Orn. Centralbl., *v.* 3, p. 95. — Schaufuß, L. W., 1863. Über Circaëtus gallicus Boj. Ver. Ges. Wien., *v.* 13, p. 33—36. — Schiebel, G., 1918. Die Vögel von Obertauern (Salzburg). Orn. Jahrb., *v.* 28, p. 101—110. — Schiebel, G., 1920. Erster Nachweis von Locustella luscinioides (Savi) in Krain und von Passer italiae Vieill. in Kärnten. Orn. Monber., *v.* 18, p. 142—143. — Schlesinger, G., 1918. Vom Uhu in Niederösterreich. Bl. Naturk. Naturschutz, *v.* 5, p. 56. — Schmidt, F., 1888. Ornithologisches aus dem Glocknergebiete. Mt. orn. Ver. Wien, *v.* 12, p. 20—22. — Schmising, C. Graf, 1921. Ornithologisches vom Plansee (Nordtirol). Mt. Vogelwelt, *v.* 20, p. 20—22. — Schöll, R. W., 1959. Über das Vorkommen von Sperlingen am Brennerpaß (Tirol). J. Orn., *v.* 100, p. 439—440. — Schöll, R. W., 1960. Über das Sperlingsvorkommen am Brennerpaß. Anz. orn. Ges. Bayern, *v.* 5, p. 506. — Schönbeck, H., 1954. Zur Verbreitung des Weißstorches in der Steiermark. Vogelwarte, *v.* 17, p. 156. — Schönbeck, H., 1955. Zur Verbreitung einiger Vogelarten in der Steiermark. Mt. Ver. Steierm., *v.* 85, p. 124—130. — Schönbeck, H., 1955. Die Verbreitung des Alpenschneehuhnes in der Steiermark. Vogelk. Nachr. Österr., nr. 6, p. 2—5. — Schönbeck, H., 1956. Zum Vorkommen des Steinhuhnes (Alectoris graeca saxatilis) (Meyer 1905) in den östlichen Ostalpen. Ibid., nr. 7, p. 34—35. — Schönbeck, H., 1956. Der Tannenhäher (Nucifraga caryocatactes caryocatactes L.) in der Steiermark. Mt. Landesmus. Joanneum Graz, fasc. 5, p. 68—82. — Schönbeck, H., 1957. Zirbe und Tannenhäher. Carinthia II, *v.* 67, p. 154 bis 156. — Schönbeck, H., 1957. Die Vogelwelt des Schöckelgebietes in ökologischer Betrachtung. Mt. Ver. Steierm., *v.* 87, p. 157—181. — Schönbeck, H., 1958. Zur Vogelwelt von Turrach und Umgebung. Ibid., *v.* 88, p. 221—232. — Schönbeck, H., 1960. Zum Vorkommen des Ziegenmelkers (Caprimulgus europaeus L.) in der Steiermark. Egretta, *v.* 3, p. 1—6. — Schönbeck, H., 1960. Beiträge zur Kenntnis der Vogelwelt der Hafner-Ankogel-Gruppe. Carinthia II, *v.* 70, p. 100—127. — Schönbeck, H., 1961. Zur Verbreitung der Blauracke (Coracias garrulus garrulus L.) in Steiermark. Österr. Arbeitskr. Wildtierforsch. Jubiläums-Jahrb. 1960/61, p. 99—103. — Schuhmacher, C., 1904. Seidenschwänze in Tirol. Gef. Welt, *v.* 33, p. 263. — Schuhmacher, C., 1905. Ornithologisches aus Tirol. Ibid., *v.* 34, p. 111. — Schuhmacher, C., 1915. Einige Beobachtungen aus Nordtirol. Ibid., *v.* 44, p. 79. — Schuhmacher, C., 1916. Beobachtungen in Nordtirol. Ibid., *v.* 45, p. 27. — Schuhmacher, C., 1917. Beobachtungen aus Nordtirol. Ibid., *v.* 46, p. 215. — Schuhmacher, E., 1944. Die Beutelmeise als häufiger Brutvogel der Donau-Auen. Beitr. Fortpflbiol. Vög., *v.* 20, p. 71. — Schuster, W., 1902. Kleinere Mitteilungen (Zitronenzeisig und Ringdrossel). Orn. Monschr., *v.* 27, p. 78—79. — Schüz, E., 1941. Alpenteich als Brennpunkt des Wasservogel-Durchzugs. D. Vogelwelt, *v.* 66, p. 113—116. — Schweiger, H., 1956. Der Falkenbussard (Buteo buteo zimmermannae Ehmke) in Niederösterreich. (Vorläufige Mitteilung.) Uns. Heimat (Monatsbl. Ver. Landesk. Niederösterr. u. Wien), *v.* 27, p. 186—187. — Schweiger, H., 1957. Die thermophile Wirbeltierfauna des östlichen Gailtales. Österr. Arbeitskr. Wildtierforsch., Jahrb. 1957, p. 13—23. — Schweiger, H., 1958. Zur Kenntnis der Vogelfauna des östlichen Gailtales. Ibid., 1958, p. 25—36. — Schweiger, H., 1959. Die Dreizehenmöwe (Rissa tridactyla tridactyla L.) als Irrgast in Niederösterreich. Ibid., 1959, p. 39. — Schweiger, H., 1961. Die Vertebratenfauna des Wiener Stadtgebietes und ihre Probleme. Ibid., Jubil.-Jahrb. 1960/61, p. 137—153. — Seidensacher, E., 1859. Die Vögel der Steiermark. Naumannia, *v.* 8 (1958), p. 466—490. — Seidensacher, E., 1862. Mittheilungen über das Brüten mehrerer Vögel der Steiermark. Verh. Ges. Wien, *v.* 12, p. 787—794. — Seilern, J. Graf, 1936. Ornithologische Miszellen. Ann. Mus. Wien, *v.* 47, p. 33—41. — Seitz, A., 1935. Einige Mitteilungen über den Hausstorch als Brutvogel in Österreich 1934. Beitr. Fortpflbiol. Vög., *v.* 11, p. 85—92. — Seitz, A., 1942. Die Brutvögel des „Seewinkels". Verl. Karl Kühne, Wien—Leipzig. — Seitz, A., 1943. Ein Beitrag zur Singvogelwelt des Neusiedlersees. Die Brutvögel der Sumpflandschaft. Beitr. Fortpflbiol. Vög., *v.* 19, p. 1—9. — Sick, H., 1954. Hochzug von Lerchen über die Ötztaler

Alpen. Orn. Beob., *v.* 51, p. 196. — Siedler, M., 1905. Aus dem Wiener Becken. Mt. Vogelwelt, *v.* 5, p. 112. — Sigl, G., u. Wruß, W., 1959. Einige interessante Vogelberingungsergebnisse aus Kärnten. Carinthia II, *v.* 69, p. 99—100. — Skringer, H., 1956. Ornithologische Beobachtungen aus der südlichen Steiermark. Mt. Ver. Steierm., *v.* 86, p. 17. — Spitzenberger, F., 1958. Schwarzstorch bei Schönau. Egretta, *v.* 1, p. 28. — Spitzenberger, F., u. Steiner, H., 1961. Wassertreter (Phalaropidae) in Österreich. Ibid., *v.* 4, p. 71—76. — Stadtlober, R., 1893. Zwei für Mariahof neue Arten. Orn. Jahrb., *v.* 4, p. 145—157. — Steinfatt, O., 1934. Zur Paarungs- und Brutbiologie der Beutelmeise (Remiz p. pendulinus). Beitr. Fortpflbiol. Vög., *v.* 10, p. 7—17. — Steinfatt, O., 1936. Vogelkundliche Wanderungen am Neusiedlersee. Ibid., *v.* 12, p. 190—194, 225—232. — Steinfatt, O., 1942. Eine vogelkundliche Radfahrt durch Deutsch-Österreich, Norditalien und Südfrankreich und die Camargue im Spätsommer 1932. Verh. orn. Ges. Bayern, *v.* 22, p. 332—352. — Steinfatt, O., 1942. Einige Beobachtungen über das winterliche Vogelleben im Kleinen Walsertal (Vorarlberg). D. Vogelwelt, *v.* 62, p. 121 bis 124. — Steinfatt, O., 1949. Kleine Beobachtungen über den Rauhfußkauz (Aegolius funereus). Vogelwelt, *v.* 70, p. 36—38. — Steinfatt, O., 1950. Beobachtungen über den Fühlingsvogelzug am Furtner Teich in der Steiermark. Ibid., *v.* 71, p. 148—152. — Steininger, A., 1900. Ornithologische Beobachtungen von Wildon und dessen Umgebung. Gef. Welt, *v.* 29, p. 70—71. — Steiner, H., 1958. Zum Zwischenzug des Silberreihers (Egretta alba). Egretta, *v.* 1, p. 3—5. — Steiner, H., 1958. Singschwan (Cygnus cygnus) im Seewinkel. Ibid., p. 28—29. — Steiner, H., 1959. Ohrenlerche (Eremophila alpestris) und Spornammer (Calcarius lapponicus) am Neusiedlersee. Vogelwelt, *v.* 80, p. 120—122. — Steiner, H., 1962. Seltene Gänse im Neusiedlerseegebiet. Egretta, *v.* 5, p. 22—23. — Steinparz, K., 1914. Aus Oberösterreich. Mt. Vogelwelt, *v.* 14, p. 105. — Steinparz, K., 1926. Vogelleben und Naturschutz am Neusiedlersee. Bl. Naturk. Naturschutz, *v.* 13, p. 29—34. — Steinparz, K., 1929. Verh. Ges. Wien, *v.* 79, p. 79 bis 85. — Steinparz, K., 1936. Der Weiße Storch als Brutvogel in Oberösterreich. Bl. Naturk. Naturschutz, *v.* 23, p. 13. — Steinparz, K., 1938. Beitrag zur Ornis Österreichs. Vogelring, *v.* 10, p. 99—102. — Steinparz, K., 1947. Sammetente, Oidemia fusca fusca L., in Oberösterreich. Natur u. Land, *v.* 33/34, p. 103. — Steinparz, K., 1947. Zwergmöwe (Larus minutus m. L.) in Oberösterreich. Ibid., p. 182—183. — Steinparz, K., 1947. Ein Stausee als Vogelparadies. Ibid., p. 205—208. — Steinparz, K., 1949. Ornithologisches aus Oberösterreich — 1948. Ibid., *v.* 36, p. 17—18. — Steinparz, K., 1950. Die Stauseen in Oberösterreich und ihre Auswirkung auf die Vogelwelt. Bonn. Zool. Beitr., *v.* 1, p. 215—220. — Steinparz, K., 1951. Die Feldlerche als Hochgebirgsvogel. Natur u. Land, *v.* 37, p. 109. — Steinparz, K., 1955. Flugunfähige nordische Enten auf unseren Stauseen. Vogelk. Nachr. Österr., nr. 5, p. 10—11. — Steinparz, K., 1955. Anser fabalis brachyrhynchus Baill. Ibid., p. 13. — Steinparz, K., 1955. Ohrenlerche, Eremophila alpestris (Gmelin) und Schneeammer (Plectrophenax nivalis L.) als Winterflüchter in Oberösterreich, 1954. Ibid., nr. 6, p. 9. — Steinparz, K., 1956. Vogelkundlicher Bericht aus Oberösterreich. Ibid., nr. 7, p. 31—34. — Steinparz, K., u. Bauer, K., 1955. Der Halsbandfliegenschnäpper (Muscicapa a. albicollis Temm.) als Brutvogel in Oberösterreich. Ibid., nr. 5, p. 11. — Steinparz, K., u. Ebster, L., u. a., 1914. Zur Invasion des Seidenschwanzes (Steyr). Mt. Vogelwelt, *v.* 14, p. 105. — Stepan, E., 1925. Das Waldviertel. Wien. (Mit Beitrag v. Wettstein, O., Die Tierwelt des Waldviertels.) — Stenger, B., 1955. Der Waldwasserläufer (Tringa ochropus Linnaeus) Brutvogel in Österreich. Vogelk. Nachr. Österr., nr. 5, p. 7—9. — Stengl, F., 1960. Die Felsenschwalbe (Ptyonoprogne rupestris Scop.) Brutvogel im Maltatal, Kärnten. Egretta, *v.* 3, p. 32. — Steuer, J., 1929. Sperlingskauz im Pfändergebiet. Mt. Vogelwelt, *v.* 28, p. 63. — Stresemann, E., 1910. Seetaucher als Sommergäste im Binnenlande. Orn. Jahrb., *v.* 21, p. 60. — Stresemann, E., 1922. Aus den Alpen zwischen Isar und Lech. Orn. Monber., *v.* 30, p. 49—53. — Stresemann, E., 1927. Eine seltene Aberration von Perdix perdix: das Bartstreif-Rephuhn. J. Orn., *v.* 75, p. 574—579. — Stresemann, E., 1927—1934. Sauropsida: Aves. In: Kükenthal, W., Handbuch der Zoologie, *v.* 7, 2. Hälfte. Verl. W. de Gruyter, Berlin—Leipzig. — Stresemann, E., 1955. Exkursionsfauna von Deutschland (Wirbeltiere). Verl. Volk u. Wissen., Berlin. — Stresemann, E., u. Portenko-L. A., 1960. Atlas der Verbreitung paläarktischer Vögel. Akademie-Verlag, Berlin. — Strói, nigg, J., 1903. Larus glaucus Brünn. bei Judenburg in Steiermark erlegt. Orn. Jahrb., *v.* 14, p. 231—233. — Stroinigg, J., 1912. Die Vogelwelt um Judenburg. In: Grill, K., Judenburg, einst und jetzt, 2. Aufl., p. 223—227. — Struger, J., 1915. Das Vorkommen des Steinhuhnes (Perdix saxatilis Meyer) im Rosentale. Carinthia II, *v.* 25, p. 33—34. — Suchomel, A., 1930. Vogelleben am Neumarkter Sattel. Gef. Welt, *v.* 59, p. 491. — Sunkel, W., 1938. Von einem Ausflug nach Österreich. Vogelring, *v.* 10, p. 77—86. — Suppin, J., 1920. Beobachtungen über die Vogelwelt in Golling (Salzburg) und Umgebung im Jahre 1919. Waldrapp, *v.* 2, p. 8—9. — Talský, J., 1883. Zum Vorkommen des Mornellregenpfeifers (Eudromias morinellus Boie) in den österreichischen Ländern. Mt. orn. Ver. Wien, *v.* 7, p. 45—47, 64. — Talský, J., 1884. Zum Vorkommen von Lestris Buffoni (Boie) und Lestris pomarina (Temm.) in Mähren und

Tirol. Z. ges. Orn., v. 1, p. 14—18. — Talský, J., 1885. Lestris cephus Keys. et Bl. und Lestris pomarina Temm. in Österreich. J. Orn., v. 33, p. 162—165. — Talský, J., 1888. Die ornithologische Sammlung des steiermärkisch-landschaftlichen Joanneums in Graz. Mt. orn. Ver. Wien, v. 12, p. 64—65. — Talský, J., 1889. Zur Ornis des Rauriser und Gasteiner Thales im Herzogthume Salzburg. Ibid., v. 13, p. 313—316, 325—329, 337—342. — Taubenberger, H., 1949. Die Felsenschwalbe, Riparia rupestris rupestris (Scop.). Columba, v. 1, p. 11—13. — Taubenberger, H., u. Tratz, E. P., 1951. Lämmergeier in den Salzburger Alpen. Ibid., v. 3, p. 90. — Thanner, R., 1920. Turdus pilaris L. Brutvogel bei Adnet. Waldrapp, v. 2, p. 11. — Thibaut de Maisières, C., 1943. Quelques observations sur le Pic tridactyle. Picoides tridactylus alpinus (Brehm) dans les Alpes. Aquila, v. 50, p. 372—378. — Thun, C., Graf, 1898. Möwenzug im Tiroler Hochgebirge. Orn. Jahrb., v. 9, p. 233. — Thun, R. v., 1926. Die Vogelwelt Innsbrucks und seiner weiteren Umgebung. Mt. Vogelwelt, v. 25, p. 61—64, 95—96. — Tisch, F., 1936. Adler und Geier in den österreichischen Alpen. Bl. Naturk. Naturschutz, v. 23, p. 155—156. — Tomek, R., 1938. Beobachtungen beim Nestbau des Grauammers. Beitr. Fortpflbiol. Vög., v. 14, p. 191. — Tomek, R., 1939. Vogelkundliche Beobachtungen im Schneeberggebiet. Bl. Naturk. Naturschutz, v. 26, p. 106—108. — Tomek, R., 1940. Über Nestbau und Eier des Zaunammers in der Ostmark. Beitr. Fortpflbiol. Vög., v. 16, p. 106—107. — Tomek, R., 1947. Über Nestbau und Eier der Zaunammer in Österreich. Natur u. Land, v. 33/34, p. 52—53. — Tratz, E. P., 1910. Cerchneis vespertinus und neuer Kreuzschnabelzug in Nord-Tirol. Orn. Jahrb., v. 21, p. 189. — Tratz, E. P., 1910. Sylvia hortensis hortensis (Gm.) in Nordtirol. J. Orn., v. 58, p. 807—808. — Tratz, E. P., 1911. Erbeutung seltener Vogelarten Tirols. Orn. Jahrb., v. 22, p. 65. — Tratz, E. P., 1914. I. Jahresbericht der Ornithologischen Station in Salzburg. 1913. Neudamm. — Tratz, E. P., 1914. Vorläufiges über den Tannenhäherzug 1913/14. Orn. Monber., v. 2, p. 90—92. — Tratz, E. P., 1914. Der Zug des sibirischen Tannenhähers durch Europa im Herbst 1911. Zool. Jahrb. Syst., v. 37, p. 123—172. — Tratz, E. P., 1914. Vorläufiges über den Zug des Seidenschwanzes im Jahre 1913/14. Zool. Beob., v. 55, p. 225—228. — Tratz, E. P., 1914. Einwanderung von sibirischen Tannenhähern in Europa. Österr. Monschr. naturw. Unterr., v. 10, p. 29. — Tratz, E. P., 1917. Störche in Salzburg. Orn. Jahrb., v. 28, p. 53—54. — Tratz, E. P., 1917. Die Vogelwelt des östlichen Arlberggebietes. Ibid., p. 80—100. — Tratz, E. P., 1917. Ornithologisches aus Zell am See und dem Pinzgau. Mt. Ges. Salzburg. Landesk., v. 57, p. 13—24. — Tratz, E. P., 1917. II. Jahresbericht der Ornithologischen Station in Salzburg. Institut für Vogelkunde und Vogelschutz. Kriegsjahre 1914 bis April 1917. Salzburg (Selbstverl.). — Tratz, E. P., 1919. Ornithologische Mitteilungen. Waldrapp, v. 1, p. 11. — Tratz, E. P., 1919. An das Institut eingelaufene ornithologische Beobachtungen vom Jahre 1919. Ibid., p. 19, 26—28. — Tratz, E. P., 1919. Vom Herbstzug des weißen Storches (Ciconia alba) durch Salzburg im Jahre 1919. Waldrapp, v. 1, p. 26. — Tratz, E. P., 1919. Ornithologisches aus dem Kaprunertal im Pinzgau. Orn. Jahrb., v. 29, p. 33—44. — Tratz, E. P., 1919. Vom Vorkommen des Alpenseglers in Salzburg. Waldrapp, v. 1, p. 28. — Tratz, E. P., 1919. Von der Kormorankolonie in der Lobau. Ibid., p. 11. — Tratz, E. P., 1920. Über einen um das Jahr 1700 bei Wien erbeuteten Bartgeier (Gypaëtus barbatus). Ibid., v. 2, p. 9. — Tratz, E. P., 1921. Vom heurigen Seidenschwanzzug. Ibid., v. 3, p. 6. — Tratz, E. P., 1921. Über das Vorkommen von für das österreichische Alpengebiet seltenen Vögeln in den Jahren 1919 und 1920. Orn. Monber., v. 29, p. 31—33. — Tratz, E. P., 1921. Das Vogelmuseum in Salzburg. Tierwelt u. Pflanzenreich, v. 14, p. 25—28. — Tratz, E. P., 1923. Ein Besuch in St. Lambrecht, in Mariahof und am Furtteich. Bl. Naturk. Naturschutz, v. 10, p. 5—6. — Tratz, E. P., 1923. Die Felsenschwalbe (Riparia rupestris [Scop.]), ein Brutvogel Salzburgs. Mt. Ges. Salzburg. Landesk., v. 63, p. 16. — Tratz, E. P., 1923. Salzburgs Vogelwelt. In: Adrian, K., Unser Salzburg, 2. Aufl., Wien. (Aves: p. 129—136.) — Tratz, E. P., 1923. Ein neuer Nachweis des Brutvorkommens der Felsenschwalbe (Riparia rupestris) in den österr. Alpen. Orn. Monber., v. 31, p. 18. — Tratz, E. P., 1930. Alpenvögel. Ein Handbuch zur Auffindung und zur Beobachtung der Vögel in den österr. Alpenländern. Salzburg. — Tratz, E. P., 1936. Adler und Geier in den österreichischen Alpen. Bl. Naturk. Naturschutz, v. 23, p. 175. — Tratz, E. P., 1944. Störche und Brachvögel als Wintergäste im deutschen Alpen- u. Voralpengebiet. Ibid., v. 31, p. 17—20. — Tratz, E. P., 1949. Etwas vom Uhu. Columba, v. 1, p. 10 bis 11. — Tratz, E. P., 1949. Erstmaliges Auftreten eines Baßtölpels im Voralpengebiet. Anblick, v. 4, p. 165—166. — Tratz, E. P., 1950. Vom Baßtölpel (Sula bassana [L.]). Columba, v. 2, p. 34. — Tratz, E. P., 1950. Das Steinadlervorkommen in Österreich. Ibid., p. 54—55. — Tratz, E. P., 1950. Über die Vogelwelt Salzburgs. Mt. Naturw. Arbeitsgem. Haus d. Natur, Salzburg, v. 1, p. 7—19. — Tratz, E. P., 1951. Die Türkentaube, ein neuer Brutvogel Salzburgs. Mt. Ges. Salzburg. Landesk., v. 91, p. 185—187. — Tratz, E. P., 1951. Der Bart- oder Lämmergeier, ein ständiger Bewohner der salzburgischen Alpen. Vogelwelt, v. 72, p. 177—180. — Tratz, E. P. 1951. Der Gänsegeier (Gyps fulvus) ist auch Wintergast in den Salzburger Alpen. Columba, v. 3, p. 3. — Tratz, E. P., 1951. Alpiner Schlafplatz von Gänsegeiern. Ibid., p. 53—55. —

Tratz, E. P., 1952. Neuer Brutnachweis des Mornellregenpfeifers, Charadrius morinellus L., in der Steiermark. Orn. Mt., v. 4, p. 10. — Tratz, E. P., 1953. Die Brutvögel des Gebietes von Franking und Holzöster. Ein Beitrag zur oberösterreichischen Vogelfauna. Jahrb. Oberösterr. Musealver., v. 98, p. 235—240. — Tratz, E. P., 1953. Der Steinadler in Österreich. Vogelwelt, v. 74, p. 58. — Tratz, E. P., 1953. Geier und Geieradler im Salzburgischen und im nachbarlichen Alpengebiet. Jahrb. Ver. Schutz Alpenpfl. u. -Tiere, v. 18, p. 24—49. — Tratz, E. P., 1953. Wacholderdrossel und Raubwürger. Vogelwelt, v. 74, p. 58. — Tratz, E. P., 1954. Zunehmende Verbreitung des Kolkraben. Ibid., v. 75, p. 205. — Tratz, E. P., 1954. Das regelmäßige Auftreten des Gänsegeiers im Salzburger Tauerngebiet. Z. Landeslehrerver. Kärnten, Salzburg, Steiermark, Tirol, v. 4, p. 36—38. — Tratz, E. P., 1954. Geier und Geieradler im salzburgischen und im nachbarlichen Alpengebiet. Jahrb. Ver. Schutz Alpenpfl. u. -Tiere, v. 19, p. 10—29. — Tratz, E. P., 1954. Zunehmende Verbreitung des Kolkraben. Vogelwelt, v. 75, p. 205. — Tratz, E. P., 1955. Große Raubmöwe (Stercorarius skua) erstmals für Österreich nachgewiesen. Vogelk. Nachr. Österr., nr. 5, p. 10. — Tratz, E. P., 1955. Über das regelmäßige Vorkommen von Gänsegeier und Bartgeier in den salzburgischen Alpen. Z. Jagdwiss., v. 1, p. 78—79. — Tratz, E. P., 1955. Ornithologisches aus Salzburg und Oberösterreich. Orn. Mt., v. 7, p. 208. — Tratz, E. P., 1955. Der Gänsegeier (Gyps fulvus) und der Bartgeier (Gypaëtus barbatus) in den Salzburger Alpen. Acta XI. Congr. Int. Orn. Basel 29. V.—5. VI. 1954, p. 627 bis 628. — Tratz, E. P., 1955. Sumpfohreulen in Nordtirol. Vogelk. Nachr. Österr., nr. 6, p. 11. — Tratz, E. P., 1956. Seltene Vogelarten im Lande Salzburg. Mt. Abt. Zool. Bot. Landesmus. Joanneum Graz, fasc. 5, p. 83—85. — Tratz, E. P., 1957. Eine Krähenscharbe (Phalacrocorax aristotelis desmaresti) in Salzburg erbeutet. Orn. Mt., v. 9, p. 255. — Tratz, E. P., 1961. Unsere gegenwärtige Kenntnis vom Waldrapp oder Klausrapp (Geronticus eremita L.), Österr. Arbeitskr. Wildtierforsch., Jubil.-Jahrb. 1960/61, p. 84—91. — Tratz, E. P., 1961. Salzburgs Möwen. Mt. Ges. Salzburg. Landesk., v. 101, p. 225—254. — Tratz, E. P., 1962. Unsere Schwäne. Ibid., v. 102, p. 245—254. — Triebl, W., 1960. Rallenreiher am Neusiedlersee. Egretta, v. 3, p. 35. — Triebl, W. 1960. Brutnachweis der Tafelente (Aythia ferina) für Niederösterreich. Ibid., p. 58. — Triebl. W., 1963. Brachschwalben im Seewinkel. Ibid., v. 5, p. 65. — Tschusi zu Schmidhoffen, R. v., 1892. Ornithologische Miscellen. Orn. Jahrb., v. 3, p. 254 bis 256. — Tschusi zu Schmidhoffen, R. v., 1898. Ornithologisches aus Vorarlberg. Ibid., v. 9, p. 60—65. — Tschusi zu Schmidhoffen, R. v., 1900. Kurze Notizen aus dem Unterinn- und Zillerthale. Ibid., v. 11, p. 60—62. — Tschusi zu Schmidhoffen, V. v. 1867. Aus meinem Tagebuche. J. Orn., v. 15, p. 141—143. — Tschusi zu Schmidhoffen V. v., 1869. Ornithologische Mittheilungen. Ibid., v. 17, p. 217—241. — Tschusi zu Schmidhoffen, V. v., 1870. Ornithologische Mittheilungen. Ibid., v. 18, p. 257—278. — Tschusi zu Schmidhoffen, V. v., 1871. „Schreiben aus Salzburg". Verh. Ges. Wien, v. 21, SB. p. 69. — Tschusi zu Schmidhoffen, V. v., 1871. Nucifraga caryocatactes L. Aufzeichnung der mir bekannt gewordenen Fälle von der Auffindung des Nestes und der Eier des Tannenhähers. Ibid., Abh. p. 83—86. — Tschusi zu Schmidhoffen, V. v., 1871. Die ornithologische Sammlung der k. k. zoologisch-botanischen Gesellschaft in Wien. (Ihr Entstehen und ihr jetziger Stand.) Ibid., Abh. p. 791—792. — Tschusi zu Schmidhoffen, V. v., 1871. Ornithologische Mittheilungen aus Österreich (1870). J. Orn., v. 19, p. 116—119. — Tschusi zu Schmidhoffen, V. v., 1871. Pfarrer Bl. Hanf's ornithologische Sammlung in Mariahof. Ibid., p. 119—121. — Tschusi zu Schmidhoffen, V. v., 1872. Ornithologische Mittheilungen aus Österreich (1871). Ibid., v. 20, p. 131 bis 137. — Tschusi zu Schmidhoffen, V. v., 1873. Ornithologische Mittheilungen aus Österreich (1872). Ibid., v. 21, p. 148—150. — Tschusi zu Schmidhoffen, V. v., 1873. Der Tannenheher (Nucifraga caryocatactes). Ein monographischer Versuch. Dresden. — Tschusi zu Schmidhoffen, V. v., 1874. Ornithologische Mittheilungen aus Österreich (1873). J. Orn., v. 22, p. 340—343. — Tschusi zu Schmidhoffen, V. v., 1875. Ornithologische Mittheilungen (1874). Ibid., v. 23, p. 408—413. — Tschusi zu Schmidhoffen, V. v., 1875. Die Vögel Salzburgs. Zool. Gart., v. 16, p. 228—236, 309—312, 345—349, 385—390, 431—430, 457—461. — Tschusi zu Schmidhoffen, V. v., 1876. Ornithologische Mittheilungen aus Österreich (1875). J. Orn., v. 24, p. 330—332. — Tschusi zu Schmidhoffen, V. v., 1876. Die Vögel Salzburgs. Nachträge und Berichtigungen. Zool. Gart., v. 17, p. 333—334. — Tschusi zu Schmidhoffen, V. v., 1877. Der Zug des Rosenstaars (Pastor roseus Temm.) durch Oesterreich und Ungarn und die angrenzenden Länder im Jahre 1875. Verh. Ges. Wien, v. 27, Abh. p. 195—204. — Tschusi zu Schmidhoffen, V. v., 1877. Ornithologische Mittheilungen aus Österreich und Ungarn (1876). J. Orn., v. 25, p. 56—59. — Tschusi zu Schmidhoffen, V. v., 1877. Die Vögel Salzburgs. Eine Aufzählung aller in diesem Lande bisher beobachteten Arten, mit Bemerkungen und Nachweisen über ihr Vorkommen. Salzburg (Ver. Vogelk. u. Vogelschutz). — Tschusi zu Schmidhoffen, V. v., 1877. Die Ornis meines Gartens. Mt. orn. Ver. Wien, v. 1, p. 31—34. — Tschusi zu Schmidhoffen, V. v., 1878. Ornithologische Bemerkungen. Orn. Centralbl., v. 3, p. 61—62. — Tschusi zu Schmidhoffen, V. v., 1878. Lanius major

Pall. in Österreich u. Ungarn. Ibid., p. 108—109. — Tschusi zu Schmidhoffen, V. v., 1878.
Ornithologische Mittheilungen aus Österreich und Ungarn (1877). J. Orn., v. 26, p. 94—98. —
Tschusi zu Schmidhoffen, V. v., 1878. Der erste Lanius major, Pall., in Österreich und Un-
garn. Sein bisheriges Vorkommen in Europa und eine neue von Dr. Cabanis beschriebene
europäische Würgerart (Lanius Homeyerii). Mt. orn. Ver. Wien, v. 2, p. 30—31. Tschusi zu
Schmidhoffen, V. v., 1878. Bibliographia ornithologica. Verzeichnis der gesamten ornithologischen Literatur der österreichisch-ungarischen Monarchie. Verh. Ges. Wien, v. 28, p. 491—544. —
Tschusi zu Schmidhoffen, V. v., 1879. Einige Bemerkungen über unsere Rothgimpel.
Mt. orn. Ver. Wien, v. 3, p. 34—35. — Tschusi zu Schmidhoffen, V. v., 1879. Ornithologische Mittheilungen aus Österreich und Ungarn (1878). J. Orn., v. 27, p. 129—131. — Tschusi
zu Schmidhoffen, V. v., 1880. Ornithologische Notizen. Nächtliche Wanderer. Ein zwei-
schwänziger Grauspecht. Orn. Centralbl., v. 5, p. 46. — Tschusi zu Schmidhoffen, V. v., 1880.
Ornithologische Mittheilungen aus Österreich-Ungarn, 1879. J. Orn., v. 28, p. 75—79. — Tschusi
zu Schmidhoffen, V. v., 1881. Ornithologisches aus Salzburg. Mt. orn. Ver. Wien, v. 5, p. 93. —
Tschusi zu Schmidhoffen, V. v., 1881. Nachtigallschwirl bei Hallein. Ibid., p. 40. — Tschusi
zu Schmidhoffen, V. v., 1881. Ornithologische Mittheilungen aus Österreich-Ungarn 1880.
J. Orn., v. 29, p. 209—212. — Tschusi zu Schmidhoffen, V. v., 1882. Pastor roseus, Temm.
& Uria troille, Brünn. bei Hallein erbeutet. Mt. orn. Ver. Wien, v. 6, p. 67. — Tschusi zu Schmid-
hoffen, V. v., 1882. Über einige seltenere Vögel der Fauna Niederösterreichs. Ibid., p. 94. —
Tschusi zu Schmidhoffen, V. v., 1883. Die Vögel des Halleiner Thales. In: Wimmer, S.,
Hallein und seine Umgebung. Hallein. — Tschusi zu Schmidhoffen, V. v., 1883. Locustella
luscinioides, Sav., und Pastor roseus, Linn., im Salzburg'schen. Mt. orn. Ver. Wien, v. 7, p. 163. —
Tschusi zu Schmidhoffen, V. v., 1883. Bernicla torquata Bechstein in Niederösterreich erlegt.
Ibid., p. 102. — Tschusi zu Schmidhoffen, V. v., 1883. Ornithologische Notizen. Ibid.,
p. 163. — Tschusi zu Schmidhoffen, V. v., 1883. I. Jahresbericht (1882) des Comités für
ornithologische Beobachtungs-Stationen in Österreich und Ungarn. Verl. orn. Ver. Wien. —
Tschusi zu Schmidhoffen, V. v., 1883. Die Dickschnabel-Lumme (Uria Brünnichii Sab.)
bei Hallein erbeutet. Mt. Schutzver. Jagd Fischerei Kronland Salzburg, fasc. 4, p. 51—52. —
Tschusi zu Schmidhoffen, V. v., 1883. Ornithologische Notizen. Mt. orn. Ver. Wien, v. 7,
p. 163. — Tschusi zu Schmidhoffen, V. v., 1884. Bemerkungen über Acredula caudata,
Linn. und Acredula rosea, Blyth. Ibid., v. 8, p. 103. — Tschusi zu Schmidhoffen, V. v. 1884.
Anas sponsa L. in Steiermark. Ibid., p. 30. — Tschusi zu Schmidhoffen, V. v., 1885. Die
ornithologische Literatur Österreich-Ungarns 1884. Z. ges. Orn., v. 2, p. 525—530. — Tschusi
zu Schmidhoffen, V. v., 1885. Notiz über das Auftreten des Pastor roseus Temm. im Jahre 1884.
Mt. orn. Ver. Wien, v. 9, p. 59. — Tschusi zu Schmidhoffen, V. v., 1886. Zwergtrappen
(Otis tetrax L.) in Oberösterreich und Salzburg. Ibid., v. 10, p. 7. — Tschusi zu Schmidhoffen,
V. v., 1886. Der rotkehlige Pieper (Anthus cervinus, Pall) und sein erstes Vorkommen im Salz-
burgschen, mit Angaben seiner Kennzeichen und seiner Verbreitung in Österreich-Ungarn.
Ibid., p. 265—267. — Tschusi zu Schmidhoffen, V. v., 1886. Die Vogelwelt meines Gartens.
Orn. Monschr., v. 11, p. 165—175. — Tschusi zu Schmidhoffen, V. v., 1886. I. Nachtrag
zu meiner Schrift: „Die Vögel Salzburg's." Z. ges. Orn., v. 3, p. 225—251. — Tschusi zu Schmid-
hoffen, V. v., 1886. Die ornithologische Literatur Österreich-Ungarns 1885. Ibid., p. 184—192. —
Tschusi zu Schmidhoffen, V. v., 1888. Ornithologische Notizen aus Salzburg (1887). Mt.
orn. Ver. Wien, v. 12, p. 10—11. — Tschusi zu Schmidhoffen, V. v., 1888. Neue Arten und
Formen der Ornis Austro-Hungarica, mit genauen Nachweisen und kritischen Bemerkungen.
Ibid., p. 63—64, 78—81. — Tschusi zu Schmidhoffen, V. v., 1888. Die ornithologische
Literatur Österreich-Ungarns 1887. Ibid., p. 111—115. — Tschusi zu Schmidhoffen, V. v.,
1888. Die Verbreitung und der Zug des Tannenhehers (Nucifraga caryocatactes L.) mit besonderer Berücksichtigung seines Auftretens im Herbste und Winter 1885 und Bemerkungen über
seine beiden Varietäten: N. caryocatactes pachyrhynchus und leptorhynchus R. Blas. Verh.
Ges. Wien, v. 38, p. 407—506. — Tschusi zu Schmidhoffen, V. v., 1889. Der Tannenheherzug
durch Österreich-Ungarn im Herbste 1887. Ornis, v. 5, p. 129—148. — Tschusi zu Schmidhoffen, V. v., 1889. Vorläufiges über den Zug des Steppenhuhnes (Syrrhaptes paradoxus,
Pall.) durch Österreich-Ungarn im Jahre 1888/89. Mt. orn. Ver. Wien, v. 13, p. 208—214, 289
bis 290, 497—500. — Tschusi zu Schmidhoffen, V. v., 1889. Zum Kreuzschnabelzug im
Jahre 1888. Ibid., p. 283—284. — Tschusi zu Schmidhoffen, V. v., 1889. Das Steppenhuhn
(Syrrhaptes paradoxus Pall.) in Österreich-Ungarn. Mt. Ver. Steierm. v. 26, p. 29—128. — Tschusi
zu Schmidhoffen, V. v., 1889. Ornithologisches aus dem vergangenen und dem heurigen Jahre.
Mt. orn. Ver. Wien, v. 13, p. 290—293, 302—304. — Tschusi zu Schmidhoffen, V. v.,
1889. Die ornithologische Literatur Österreich-Ungarns 1887. Ornis, v. 5, p. 351—368. —
Tschusi zu Schmidhoffen, V. v., 1889. Die ornithologische Literatur Österreich-Ungarns 1888.
Mt. orn. Ver. Wien, v. 13, p. 230—235, 242—250, 257—259, 269—270. — Tschusi zu Schmidhoffen, V. v., 1890. Einige bemerkenswerte Erscheinungen des abgelaufenen Jahres in der

Umgebung von Hallein nebst Bemerkungen über selbe. Orn. Jahrb., *v.* 1, p. 41—44. — Tschusi zu Schmidhoffen, V. v., 1890. Zwei bemerkenswerte Erscheinungen des Jahres 1889. Orn. Jahrb., *v.* 1, p. 65—81. — Tschusi zu Schmidhoffen, V. v., 1890. Ornithologisches aus Seitenstetten (Niederösterreich). Ibid., p. 96—97. — Tschusi zu Schmidhoffen, V. v., 1890. Seltenere Arten der Stiftssammlung in Seitenstetten (Unter-Österreich). Ibid., p. 180—181. — Tschusi zu Schmidhoffen, V. v., 1890. Buteo ferox Gmelin im Marchfeld erlegt. Ibid., p. 199—200. — Tschusi zu Schmidhoffen, V. v., 1891. Bemerkenswertes aus dem vergangenen Jahre (1890). (Salzburg.) Ibid., *v.* 2, p. 252—253. — Tschusi zu Schmidhoffen, V. v., 1891. Tetrao tetrix urogallus im Salzburg'schen. Ibid., p. 254—255. — Tschusi zu Schmidhoffen, V. v., 1891. Vorkommen der Brautente (Aix sponsa) in Österreich-Ungarn. Mt. orn. Ver. Wien, *v.* 15, p. 43. — Tschusi zu Schmidhoffen, V. v., 1893. Dünnschnäblige Tannenheher auf der Wanderung. Orn. Jahrb., *v.* 4, p. 220. — Tschusi zu Schmidhoffen, V. v., 1893. Circaëtus gallicus in Bayern, Pishorina scops im Salzburgischen. Ibid., p. 127. — Tschusi zu Schmidhoffen, V. v., 1894. Erstes Exemplar des östlichen Eistauchers (Colymbus glacialis adamsi Gray) aus Österreich-Ungarn. Ibid., *v.* 5, p. 145—147. — Tschusi zu Schmidhoffen, V. v., 1894. Ornithologisches aus Hallein (1891—1893). Ibid., p. 196—202. — Tschusi zu Schmidhoffen, V. v., 1894. Ornithologische Collectaneen. Mt. orn. Ver. Wien, *v.* 18, p. 73—76, 89—92. — Tschusi zu Schmidhoffen, V. v., 1895. Ornithologische Collectaneen. Ibid., *v.* 19, p. 34—35, 49—50. — Tschusi zu Schmidhoffen, V. v., 1896. Die Kolbenente (Fuligula rufina) in Niederösterreich erlegt. Orn. Jahrb., *v.* 7, p. 37. — Tschusi zu Schmidhoffen, V. v., 1896. Stercorarius longicauda Vieill. im Salzburg'schen. Ibid., p. 81. — Tschusi zu Schmidhoffen, V. v., 1896. Otis tarda und Numenius phaeopus in N.-Tirol. Ibid., p. 120. — Tschusi zu Schmidhoffen, V. v., 1896. Nicht Numenius phaeopus, sondern tenuirostris in Tirol. Ibid., p. 241. — Tschusi zu Schmidhoffen, V. v., 1896. Der Tannenheher in Österreich-Ungarn im Herbst und Winter 1893/94. Ornis, *v.* 8, p. 213—222. — Tschusi zu Schmidhoffen, V. v., 1896. Über das Vorkommen des rothsternigen Blaukehlchens (Cyanecula caerulecula [Pall.]) in Österreich und Deutschland. Orn. Jahrb., *v.* 7, p. 234—237. — Tschusi zu Schmidhoffen, V. v., 1897. Ornithologische Collectaneen aus Österreich-Ungarn und dem Occupationsgebiete. IV. 1895. Ibid., *v.* 8, p. 24—34. — Tschusi zu Schmidhoffen, V. v., 1897. Bienenfresser in Oberösterreich. Ibid., p. 39—40. — Tschusi zu Schmidhoffen, V. v., 1898. Ornithologisches aus Vorarlberg. Ibid., *v.* 9, p. 60—65. — Tschusi zu Schmidhoffen, V. v., 1898. Schwarzkopfmöwe in Niederösterreich. Ibid., p. 70—71. — Tschusi zu Schmidhoffen, V. v., 1898. Somateria mollissima in Steiermark und Vorarlberg. Ibid., p. 72. — Tschusi zu Schmidhoffen, V. v., 1898. Pishorina scops (L.) in Oberösterreich. Ibid., p. 117—118. — Tschusi zu Schmidhoffen, V. v., 1898. Vultur monachus im Salzburgischen erlegt. Ibid., p. 119. — Tschusi zu Schmidhoffen, V. v., 1898. Bemerkungen über die europäischen Graumeisen (Parus palustris auct.) nebst Bestimmungsschlüssel derselben. Ibid., p. 163—176. — Tschusi zu Schmidhoffen, V. v., 1898. Ornithologische Collectaneen aus Österreich-Ungarn. V. 1896. Ibid., p. 203—210. — Tschusi zu Schmidhoffen, V. v., 1898. Ornithologische Collectaneen aus Österreich-Ungarn und dem Occupationsgebiete. VI. 1897. Ibid., p. 210—219. — Tschusi zu Schmidhoffen, V. v., 1898. Buteo ferox in Nieder- und Oberösterreich. Ibid., p. 234. — Tschusi zu Schmidhoffen, V. v., 1898. Zoologische Literatur der Steiermark pro 1895, 1896, 1897. Ornithologische Literatur. Mt. Ver. Steierm., *v.* 34, p. LXXXII bis LXXXVI. — Tschusi zu Schmidhoffen, V. v., 1899. Zoologische Literatur der Steiermark pro 1898. Ornithologische Literatur. Ibid., *v.* 35, p. LXXV—LXXVI. — Tschusi zu Schmidhoffen, V. v., 1899. Neue Nachrichten über Steppenhühner (Syrrhaptes paradoxus [Pall.]) in Österreich-Ungarn. Orn. Jahrb., *v.* 10, p. 67—69. — Tschusi zu Schmidhoffen. V. v., 1900. Zoologische Literatur der Steiermark pro 1899. Ornithologische Literatur. Mt. Ver. Steierm., *v.* 36, p. LXXII—LXXIII. — Tschusi zu Schmidhoffen, V. v., 1900. Kurze Notizen aus dem Unterinn- und Zillertale. Orn. Jahrb., *v.* 11, p. 60—62. — Tschusi zu Schmidhoffen, V. v., 1900. Neuere Nachrichten über den Bartgeier (Gypaëtus barbatus [L.]) in Tirol. Ibid., p. 225—227. — Tschusi zu Schmidhoffen, V. v., 1900. Ornithologische Notizen. Ibid., p. 227—228. — Tschusi zu Schmidhoffen, V. v., 1901. Der schlankschnäblige Tannenheher in Österreich im Herbste 1900. Schwalbe, N. F., *v.* 2 (1900—1901), p. 161—163. — Tschusi zu Schmidhoffen, V. v., 1901. Ornithologische Collectaneen aus Österreich-Ungarn und dem Occupationsgebiete. VII (1898). Orn. Jahrb., *v.* 12, p. 100—110. — Tschusi zu Schmidhoffen, V. v., 1902. Ornithologische Kollektaneen aus Österreich-Ungarn und dem Occupationsgebiete. VIII (1899). Orn. Monschr., *v.* 27, p. 137—142. — Tschusi zu Schmidhoffen, V. v., 1902. Ornithologische Notizen. Otis tetrax im Marchfelde brütend. Orn. Jahrb., *v.* 13, p. 72—73. — Tschusi zu Schmidhoffen, V. v., 1903. Ornithologische Kollektaneen aus Österreich-Ungarn und dem Occupationsgebiete. IX (1900). Orn. Monschr., *v.* 28, p. 59 bis 67. — Tschusi zu Schmidhoffen, V. v., 1903. Ornithologische Kollektaneen aus Österreich-Ungarn und dem Occupationsgebiete. X (1901). Ibid., p. 297—306. — Tschusi zu Schmid-

hoffen, V. v., 1903. Ornithologische Kollektaneen aus Österreich-Ungarn und dem Occupationsgebiete. XI (1902). Ibid., p. 477—483. — Tschusi zu Schmidhoffen, V. v., 1903. Zoologische Literatur der Steiermark pro 1901, 1902. Ornithologische Literatur. Mt. Ver. Steierm.,
v. 39, p. LVIII—LXII. — Tschusi zu Schmidhoffen, V. v., 1903. Ornithologische Literatur
Österreich-Ungarns und des Okkupationsgebietes 1901. Verh. Ges. Wien, v. 53, p. 271—285. —
Tschusi zu Schmidhoffen, V. v., 1904. Ornithologische Literatur Österreich-Ungarns und
des Okkupationsgebietes 1902. Ibid., v. 54, p. 487—507. — Tschusi zu Schmidhoffen,
V. v., 1904. Ornithologische Kollektaneen aus Österreich-Ungarn und dem Occupationsgebiete.
XII (1903). Orn. Monschr., v. 29, p. 457—463. — Tschusi zu Schmidhoffen, V. v., 1904.
Zoologische Literatur der Steiermark pro 1903. Ornithologische Literatur. Mt. Ver. Steierm.,
v. 40, p. LXXVIII—LXXIX. — Tschusi zu Schmidhoffen, V. v., 1905. Ornithologische
Notizen aus Salzburg. Zool. Gart., v. 46, p. 227—228. — Tschusi zu Schmidhoffen, V. v.,
1905. Über die Alpenflühevögel (Accentoridae). Über paläarktische Formen. IX. Orn. Jahrb.,
v. 16, p. 127—141. — Tschusi zu Schmidhoffen, V. v., 1905. Ornithologische Literatur
Österreich-Ungarns und des Okkupationsgebietes 1903. Verh. Ges. Wien, v. 55, p. 181—202. —
Tschusi zu Schmidhoffen, V. v., 1905. Zoologische Literatur der Steiermark. Ornitholo-
gische Literatur. Mt. Ver. Steierm., v. 41, p. CVII—CVIII. — Tschusi zu Schmidhoffen,
V. v., 1906. Ornithologische Kollektaneen aus Österreich-Ungarn und dem Okkupationsgebiete.
XIII. (1904.) Orn. Monschr., v. 31, p. 438—452. — Tschusi zu Schmidhoffen, V. v., 1906.
Der Seidenschwanz (Bombycilla garrula L.) im Winter 1905/06. Zool. Beob., v. 47, p. 142—146. —
Tschusi zu Schmidhoffen, V. v., 1906. Ornithologische Kollektaneen aus Österreich-Ungarn
und dem Okkupationsgebiete. XIV. (1904.) Ibid., p. 303—311, 337—345. — Tschusi zu Schmid-
hoffen, V. v., 1906. Ornithologische Literatur Österreich-Ungarns und des Okkupationsgebietes
1904. Verh. Ges. Wien, v. 56, p. 280—305. — Tschusi zu Schmidhoffen, V. v., 1906. Zoologische Literatur der Steiermark. Ornithologische Literatur. Mt. Ver. Steierm., v. 42, p. CXLVII
bis CXLVIII. — Tschusi zu Schmidhoffen, V. v., 1907. Ornithologische Kollektaneen aus
Österreich-Ungarn. XV. (1906.) Zool. Beob., v. 48, p. 303—312, 341—351. — Tschusi zu
Schmidhoffen, V. v., 1907. Ornithologische Literatur Österreich-Ungarns und des Okkupationsgebietes 1905. Verh. Ges. Wien, v. 57, p. 245—274. — Tschusi zu Schmidhoffen,
V. v., 1907. Zoologische Literatur der Steiermark. Ornithologische Literatur. Mt. Ver. Steierm.,
v. 43, p. 457—459. — Tschusi zu Schmidhoffen, V. v., 1907. Einige Seltenheiten der Salzburger Ornis. Orn. Jahrb., v. 18, p. 227. — Tschusi zu Schmidhoffen, V. v., 1908. Ornithologische Kollektaneen aus Österreich-Ungarn und dem Okkupationsgebiete, XVI. (1907.) Zool.
Beob., v. 49, p. 275—281, 303—317. — Tschusi zu Schmidhoffen, V. v., 1908. Zoologische
Literatur der Steiermark. Ornithologische Literatur. 1907. Mt. Ver. Steierm., v. 44, p. 345 bis
347. — Tschusi zu Schmidhoffen, V. v., 1908. Ornithologische Literatur Österreich-Ungarns
und des Okkupationsgebietes 1906. Verh. Ges. Wien, v. 58, p. 93—125. — Tschusi zu Schmidhoffen, V. v., 1908. Ornithologische Literatur Österreich-Ungarns und des Okkupationsgebietes 1907. Ibid., p. 458—490. — Tschusi zu Schmidhoffen, V. v., 1909. Ornithologische Kollektaneen aus Österreich-Ungarn. XVII (im Original irrtümlich mit XVIII bezeichnet). (1908.)
Zool. Beob., v. 50. p. 199—207, 233—242. — Tschusi zu Schmidhoffen, V. v., 1909. Zoologische Literatur der Steiermark. Ornithologische Literatur. 1907. Mt. Ver. Steierm., v. 45,
p. 480—481. — Tschusi zu Schmidhoffen, V. v., 1909. Der Zug des Rosenstars, Pastor
roseus (L.), im Jahre 1908. Falco, v. 5, p. 8—12. — Tschusi zu Schmidhoffen, V. v., 1909.
Der Zug des Steppenhuhnes Syrrhaptes paradoxus (Pall.) nach dem Westen 1908 mit Berücksichtigung der früheren Züge. Mt. Siebenb. Ver., v. 58 (1908), p. 1—41. — Tschusi zu Schmidhoffen, V. v., 1909. Bibliographia ornithologica salisburgensis. Mt. Ges. Salzburg. Landesk.,
v. 49, p. 179—194. — Tschusi zu Schmidhoffen, V. v., 1909. Über den heurigen Massenzug
des Kreuzschnabels. Orn. Monber., v. 17, p. 169—171. — Tschusi zu Schmidhoffen, V. v.,
1910. Ornithologische Kollektaneen aus Österreich-Ungarn. XVIII. (1909.) Zool. Beob., v. 51,
p. 205—213, 242—248, 272—282. — Tschusi zu Schmidhoffen, V. v., 1910. Ornithologische
Beobachtungen vom Tännenhof (Hallein). Mt. Ges. Salzburg. Landesk., v. 50, p. 25—34. —
Tschusi zu Schmidhoffen, V. v., 1910. Zoologische Literatur der Steiermark. Ornitholo-
gische Literatur. 1909. Mt. Ver. Steierm., v. 46, p. 526—529. — Tschusi zu Schmidhoffen,
V. v., 1910. Ornithologische Literatur Österreich-Ungarns und des Okkupationsgebietes 1908.
Verh. Ges. Wien, v. 60, p. 194—225. — Tschusi zu Schmidhoffen, V. v., 1910, Ornithologi-
sche Literatur Österreich-Ungarns und des Okkupationsgebietes 1909. Ibid., p. 432—463. —
Tschusi zu Schmidhoffen, V. v., 1910. Über den Zug des Seidenschwanzes (Ampelis garrula
L.) im Winter 1903/04. Ornis, v. 13, p. 1—56. — Tschusi zu Schmidhoffen, V. v., 1911.
Ornithologische Kollektaneen aus Österreich-Ungarn. XIX. (1910.) Zool. Beob., v. 52, p. 108
bis 119, 136—150, 170—178. — Tschusi zu Schmidhoffen, V. v., 1911. Der Zug des Seiden-
schwanzes (Bombycilla garrula L.) im Winter 1910/11. Ibid., p. 321—329. — Tschusi zu
Schmidhoffen, V. v., 1911. Zum heurigen Wanderzuge des sibirischen Tannenhehers. Urania,

v. 4, p. 866—869. — Tschusi zu Schmidhoffen, V. v., 1911. Zoologische Literatur der Steiermark. Ornithologische Literatur. 1910. Mt. Ver. Steierm., v. 47, p. 436—437. — Tschusi zu Schmidhoffen, V. v., 1911. Ornithologische Literatur Österreich-Ungarns 1910. Verh. Ges. Wien, v. 61, p. 347—377. — Tschusi zu Schmidhoffen, V. v., 1911. Acanthis linaria rufescens in Oberösterreich. Orn. Jahrb., v. 22, p. 225—226. — Tschusi zu Schmidhoffen, V. v., 1912. Zur Geschichte der Ornithologie in Steiermark. Mt. Ver. Steierm., v. 48, p. 361—373. — Tschusi zu Schmidhoffen, V. v., 1912. Ornithologische Kollektaneen aus Österreich-Ungarn. XX. (1911.) Zool. Beob., v. 53, p. 72—79, 97—106, 138—144, 171—177. — Tschusi zu Schmidhoffen, V. v., 1912. Ornithologische Literatur Österreich-Ungarns, Bosniens und der Herzegowina 1911. Verh. Ges. Wien, v. 62, p. 260—289. — Tschusi zu Schmidhoffen, V. v., 1912. Über den heurigen Tannenheher-Zug. Orn. Monber., v. 20, p. 43—44. — Tschusi zu Schmidhoffen, V. v., 1912. Massenauftreten der Wacholderdrossel (Turdus pilaris L.) in Oberösterreich. Orn. Monschr., v. 37, p. 154—155. — Tschusi zu Schmidhoffen, V. v., 1913. Ornithologische Kollektaneen aus Österreich-Ungarn. XXI. (1912.) Zool. Beob., v. 54, p. 233—241. 270—279, 297—303, 329—334. — Tschusi zu Schmidhoffen, V. v., 1913. Ornithologische Literatur Österreich-Ungarns, Bosniens und der Herzegowina 1912. Verh. Ges. Wien, v. 63, p. 184—212. — Tschusi zu Schmidhoffen, V. v., 1913. Zoologische Literatur der Steiermark. Ornithologische Literatur 1912. Mt. Ver. Steierm., v. 50, p. 136—140. — Tschusi zu Schmidhoffen, V. v., 1913. Zoologische Literatur der Steiermark. Ornithologische Literatur 1913. Ibid., p. 140—145. — Tschusi zu Schmidhoffen, V. v., 1914. Ornithologische Kollektaneen aus Österreich-Ungarn. XXII. (1913.) Zool. Beob., v. 55, p. 236—243, 259—265, 291—287. — Tschusi zu Schmidhoffen, V. v., 1914. Zoologische Literatur der Steiermark. Ornithologische Literatur 1914. Mt. Ver. Steierm., v. 51, p. 246—248. — Tschusi zu Schmidhoffen, V. v., 1915. Ornithologische Kollektaneen aus Österreich-Ungarn. XXIII. (1914.) Zool. Beob., v. 56, p. 129—136, 164—171, 192—195, 209—215. — Tschusi zu Schmidhoffen, V. v., 1915. Ornithologische Literatur Österreich-Ungarns, Bosniens und der Herzegowina 1913. Verh. Ges. Wien, v. 65, p. 255—286. — Tschusi zu Schmidhoffen, V. v., 1915. Übersicht der Vögel Oberösterreichs und Salzburgs. Linz. — Tschusi zu Schmidhoffen, V. v., 1916. Ornithologische Kollektaneen aus Österreich-Ungarn. XXIV. (1915.) Zool. Beob., v. 57, p. 176—183, 192—201. — Tschusi zu Schmidhoffen, V. v., 1916. Ornithologische Literatur Österreich-Ungarns, Bosniens und der Herzegowina 1914. Verh. Ges. Wien, v. 66, p. 201—227. — Tschusi zu Schmidhoffen, V. v., 1916. Zoologische Literatur der Steiermark. Ornithologische Literatur 1915. Mt. Ver. Steierm., v. 52, p. 89—90. — Tschusi zu Schmidhoffen, V. v., 1916. Ornithologische Literatur Österreich-Ungarns 1915, Verh. Ges. Wien, v. 66, p. 467—480. — Tschusi zu Schmidhoffen, V. v., 1917. Ornithologische Kollektaneen aus Österreich-Ungarn. XXV. (1916.) Zool. Beob., v. 58, p. 153—162, 190—195. — Tschusi zu Schmidhoffen, V. v., 1917. Das Steinrötel (Monticola saxatilis L.) ein im Verschwinden begriffenes Juwel der niederösterreichischen Vogelwelt. Bl. Naturk. Naturschutz, v. 4, p. 130—132. — Tschusi zu Schmidhoffen, V. v., 1917. Zoologische Literatur der Steiermark. Ornithologische Literatur 1916. Mt. Ver. Steierm., v. 53, p. 261—262. — Tschusi zu Schmidhoffen, V. v., 1917. Über das einstige Vorkommen des Bartgeiers (Gypaëtus barbatus L.) im österreichischen Alpengebiete. J. Orn., v. 65, II, p. 269—277. — Tschusi zu Schmidhoffen, V. v., 1917. Raubmöwen in Oberösterreich und Krain. Orn. Jahrb., v. 28, p. 54. — Tschusi zu Schmidhoffen, V. v., 1917. Eiderente (Somateria mollissima (L.) im Salzburgischen. Ibid., p. 54. — Tschusi zu Schmidhoffen, V. v., 1917. Ringelgänse (Branta bernicla L.) in Oberösterreich. Ibid., p. 54. — Tschusi zu Schmidhoffen, V. v., 1918. Ornithologische Literatur Österreich-Ungarns 1916. Verh. Ges. Wien, v. 68, p. 142—158. — Tschusi zu Schmidhoffen, V. v., 1918. Zool. Literatur der Steiermark. Ornithologische Literatur 1917. Mt. Ver. Steierm., v. 54, p. 343—345. — Tschusi zu Schmidhoffen, V. v., 1919. Ornithologische Kollektaneen aus Österreich-Ungarn. XXVI (im Original irrtümlich mit XXV bezeichnet) (1917). Zool. Beob., v. 60, p. 5—13, 33—41. — Tschusi zu Schmidhoffen, V. v., 1919. Zoologische Literatur der Steiermark. Ornithologische Literatur 1918. Mt. Ver. Steierm., v. 55, p. 151—152. — Tschusi zu Schmidhoffen, V. v., 1919., Ornithologische Literatur Salzburgs. Waldrapp, v. 1, p. 4. — Tschusi zu Schmidhoffen, V. v., 1919. Ornithologisches aus Niederösterreich. Bl. Naturk. Naturschutz, v. 6, p. 51—52. — Tschusi zu Schmidhoffen, V. v., 1920. Fahl- oder Gänsegeier (Gyps fulvus Gm.) in Oberösterreich und Salzburg. Tierwelt u. Pflanzenwelt, v. 14, p. 7. — Tschusi zu Schmidhoffen, V, v., 1922. Ornithologische Kollektaneen aus dem ehemaligen Österreich-Ungarn. XXVIII (1919). Naturw. Beob., v. 63, p. 177 bis 183. — Tschusi zu Schmidhoffen, V. v., 1922. Zum heurigen Durchzug des Seidenschwanzes 1920/21. J. Orn., v. 70, p. 49—56. — Tschusi zu Schmidhoffen, V. v., 1922. Ornithologische Literatur Österreich-Ungarns 1917. Verh. Ges. Wien, v. 71 (1921), p. 24—38. — Tschusi zu Schmidhoffen, V. v., 1922. Ornithologische Literatur des früheren Österreich-Ungarns 1918. Ibid., p. 39—48. — Tschusi zu Schmidhoffen, V. v., 1923. Ornithologisches mit besonderer Berücksichtigung der Vogelwelt des Halleiner Tales. Gef. Welt, v. 52, p. 97—98. — Tschusi zu Schmidhoffen, V. v., 1923. Oceanodroma leucorrhoa in Oberösterreich erlegt. Orn. Monber., v. 31, p. 16. — Tschusi zu Schmidhoffen, V. v., 1923. Phalaropus fulicarius. Phalaropus lobatus und Acanthis flavirostis in Oberösterreich. Ibid., p. 62. — Tschusi zu Schmidhoffen, V. v., 1924. Ornithologische Literatur des früheren Österreich-Ungarns 1919 bis 1921. Verh. Ges. Wien, v. 73 (1923), p. 194—223. — Tschusi zu Schmidhoffen, V. v., u. Chernel v. Chernelháza, St., 1886. Die ornithologische Literatur Österreich-Ungarns 1886. Z. ges. Orn., v. 3, p. 271—286. — Tschusi zu Schmidhoffen, V. v., u. Chernel v. Chernelháza, St., 1890. Die ornithologische Literatur Österreich-Ungarns (1889). Orn. Jahrb., v. 1, p. 217—224, 228—240. — Tschusi zu Schmidhoffen, V. v., u. Dalla Torre, K. W. v., 1887. III. Jahresbericht (1884) des Comité's für ornithologische Beobachtungs-Stationen in Österreich-Ungarn. Ornis, v. 3, p. 1—360. — Tschusi zu Schmidhoffen, V. v., u. Dalla Torre, K. W. v., 1888. IV. Jahresbericht (1885) des Comité's für ornithologische Beobachtungs-Stationen in Österreich-Ungarn. Ibid., v. 4, p. 1—272, 321—368. — Tschusi zu Schmidhoffen, V. v., u. Dalla Torre, K. W. v., 1888. Fünfter Jahresbericht (1886) des Comité's für ornithologische Beobachtungsstationen in Österreich-Ungarn. Ibid., v. 4 (suppl.), p. I—XI, 1—346. — Tschusi zu Schmidhoffen, V. v., u. Dalla Torre, K. W. v., 1889. VI. Jahresbericht (1887) des Comité's für ornithologische Beobachtungs-Stationen in Österreich-Ungarn. Ibid., v. 5, p. 343—610. — Tschusi zu Schmidhoffen, V. v., u. Dalla Torre, K. W. v., 1890. VI. Jahresbericht (1887) des Comité's für ornithologische Beobachtungs-Stationen in Österreich-Ungarn. Ibid., v. 6, p. 33—154, 201—286. — Tschusi zu Schmidhoffen, V. v., u. Homeyer, E. F. v., 1883. Verzeichnis der bisher in Österreich und Ungarn beobachteten Vögel. Mt. orn. Ver. Wien, v. 7, p. 30—33. — Tschusi zu Schmidhoffen, V. v., u. Homeyer, E. F. v., 1886. Verzeichnis der bisher in Österreich-Ungarn beobachteten Vögel. Ornis, v. 2, p. 149—179. — Ullrich, H., 1930. Beiträge zur Avifauna der näheren und weiteren Umgebung des Bodensees. Orn. Monschr., v. 55, p. 138—143, 152—159, 161—164. — Valentinitsch, F., 1892. Das Haselhuhn (Tetrao bonasia), dessen Naturgeschichte und Jagd. Wien. — Vaurie, C., 1959. The Birds of the Palearctic Fauna. Verl. H. F. & G. Witherby Ltd., London. — Vauk, G., 1962. Ornithologische Beobachtungen im Spätherbst 1961 am Neusiedlersee. Egretta, v. 5, p. 13. — Vetter, A., 1924. Samtenten im Traunsee. Bl. Naturk. Naturschutz, v. 11, p. 17. — Vetter, A., 1926. Bemerkenswerte Beobachtungen. Ibid., v. 13, p. 69—70. — Vetter, A., 1926. Von der Blauracke. Ibid., p. 82. — Voous, K. H., 1962. Die Vogelwelt Europas und ihre Verbreitung. Verl. Paul Parey, Hamburg u. Berlin. — Wagner, J., 1895. Allerlei Beobachtungen auf Gebirgswanderungen. Gef. Welt, v. 24, p. 117—118, 122—123, 147—148, 153—154, 169—170. — Walcher, A., 1919. Winterbeobachtungen über den Alpenleinzeisig in den Sölker Tauern. Orn. Jahrb., v. 29, p. 51 bis 55. — Walcher, A., 1929. Der Berghänfling Carduelis (Acanthis) flavirostris (L.) im steirischen Ennstal. Verh. Ges. Wien, v. 79, p. (24)—(26). — Walcher, L., u. a., 1914. Invasion des Seidenschwanzes. Mt. Vogelwelt, v. 14, p. 148—149. — Walchner, H., 1835. Beiträge zur Ornithologie des Bodenseebeckens. Karlsruhe. — Walde, K., 1933. Der rätselhafte Waldrapp. Innsbruck. Nachr., nr. 91. — Walde, K., 1938. Die Singvögel in der Mieminger Gegend (Nordtirol). Vogelring, v. 10, p. 91—99. — Walde, K., 1940. Die Zippammer (Emberiza cia L.) als Brutvogel neu für Tirol-Vorarlberg. Orn. Monber., v. 48, p. 152—153. — Walde, K., u. Neugebauer, H., 1936. Tiroler Vogelbuch. Innsbruck. — Walters, J., 1959. Regenpfeifer-Notizen aus dem „Seewinkel" im Burgenland (Österreich). Vogelwelt, v. 80, p. 33—42. — Warncke, K., 1962. Beitrag zur Avifauna der March- und unteren Donauauen (mit einigen brutbiologischen Angaben für das nördliche Burgenland). Anz. orn. Ges. Bayern, v. 6, p. 234—268. — Washington, S. Baron, 1886. Die in Steiermark vorkommenden rabenartigen Vögel, Würger und Sperlinge. Mt. orn. Ver. Wien, v. 10, p. 140—142. — Washington, S. Baron, 1886. Erbeutung eines Löffelreihers, Platalea leucorodia Linn. in Steiermark. Ibid., p. 215. — Washington, S. Baron, 1886. Über das Vorkommen des Zwergadlers Aquila pennata, Gm. in Steiermark. Ibid., p. 253 bis 254. — Washington, S. Baron, 1887. Notiz über zwei für die Ornis Steiermarks neue Arten. Ibid., v. 11, p. 182. — Watzel-Ellert, B., 1951. Winter-Vogelbeobachtungen in Zell am See. Natur u. Land, v. 37, p. 91. — Watzinger, A., 1913. Die Brutvögel der Umgebung von Gmunden und Lambach. Orn. Jahrb., v. 24, p. 1—26. — Watzinger, A., 1914. Das Blaukehlchen, Luscinia cyanecula (Wolf) Brutvogel Oberösterreichs. Ibid., v. 25, p. 45—47. — Watzinger, A., 1917. Ornithologisches aus Gmunden und Umgebung. Ibid., v. 28, p. 46—47. — Watzinger, A., 1920. Ornithologische Notizen aus Oberösterreich und Niederösterreich. Waldrapp, v. 2, p. 10. — Weißert, B., 1958. Eine Eismöwe im Wasserpark, Wien XXI. Vogelk. Nachr. Österr., v. 8, p. 3. — Weißert, B., u. Kempny, O., 1959. Sumpfläufer (Limicola falcinellus) im Seewinkel. Egretta, v. 2, p. 19. — Werner, F., 1924. Beobachtungen über die Tierwelt des Stubachtales. Bl. Naturk. Naturschutz, v. 11, p. 61—68. — Werner, O., 1953. Zwergadler in Niederösterreich. Natur u. Land, v. 39, p. 70. — Wettstein-Westersheim, O. v., 1912. Die Ornis des Gschnitztales bei Steinach am Brenner, Tirol. Orn. Jahrb., v. 23, p. 176—194. — Wettstein-Westersheim, O. v., 1917. Berichtigungen und Ergänzungen zur Ornis des Gschnitztales bei Steinach am Brenner, Tirol. Ibid., v. 28, p. 29—35. — Wettstein-Westersheim, O. v., 1919. Die Kormorankolonie in der Lobau bei Wien. Waldrapp, v. 1, p. 13—16. — Wettstein-Westersheim, O. v., 1919. Das Vogelleben der Donauauen bei Wien einst und jetzt. Bl. Naturk. Naturschutz, v. 6, p. 29—34. — Wettstein, O., 1924. Ornithologisches vom Neusiedlersee. Ibid., v. 11, p. 29—36. — Wettstein, O., 1925. Die Tierwelt des Waldviertels. In: Stepan, E., Das Waldviertel. Wien, 1925, v. 1, p. 115—123. (Aves: p. 121—122.) — Wettstein, O., 1927. Die Tierwelt des Neusiedlersees. Burgenland, v. 2, p. 134—138. — Wettstein, O., 1928. Das Tierleben der Großstadt Wien. Bl. Naturk. Naturschutz, v. 15, p. 109—116. — Wettstein, O., 1929. Über Parus atricapillus submontanus, Kleinschm. u. Tschusi, in Niederösterreich. Anz. orn. Ges. Bayern, v. 2, p. 16—18. — Wettstein, O., 1941. Biologische Notizen über einige Vogelarten des Gschnitztales. Beitr. Fortpflbiol. Vög., v. 17, p. 169—171. — Wettstein, O., 1943. Die Wirbeltierfauna des Pasterzengebietes. In: Franz, H. Die Landtierwelt der mittleren Hohen Tauern. Denk. Ak. Wien, math.-naturw. Kl., v. 107, p. 386—393. (Aves: p. 388 bis 390.) — Wettstein, O., 1959. Passer domesticus italiae in Nordtirol. Egretta, v. 2, p. 13 bis 14. — Wettstein, O., 1960. Seltene Brutbelege aus Niederösterreich und dem Burgenland. Bonn. Zool. Beitr., v. 11, p. 33—39. — Wettstein-Westersheim, O., 1961. Beiträge zur Wirbeltierfauna des Lungaues. Österr. Arbeitskr. Wildtierforsch., Jubil.-Jahrb. 1960/61, p. 69—77. — Wiedmann, F., 1950. Drei Steinadler im Semmeringgebiet. Natur u. Land, v. 36, p. 54. — Willi, P. 1961. Die Brutvögel des Fussacherriedes. Orn. Beob., v. 58, p. 35—43. — Willi, P., 1961. Dünnschnabelbrachvogel im Rheindelta (Bodensee). Ibid., p. 76. — Winkler, H., 1960. Ornithologische Beobachtungen im Gebirge. Vogelk. Ber. Inform. Salzburg, nr. 1, p. 3. — Witherby, H. F., Jourdain, F. C. R., Ticehurst, N. F., et Tucker, B. W., 1941. The Handbook of British Birds. Verl. H. F. &. G. Witherby Ltd., London. — Witzlsteiner, P., 1910. Aus der grünen Steiermark. Mt. Vogelwelt, v. 10, p. 119—120. — Witzlsteiner, P., 1910. Eine Sperlingseule in Oberösterreich. Ibid., p. 120. — Witzlsteiner, P., 1911. Aus Oberösterreich. Ibid., v. 11, p. 38—39. — Witzlsteiner, P., 1911. Der Fischadlerhorst am Mondsee. Ibid., p. 38. — Wohlmuth, A., 1908. Aus Steiermark. Ibid., v. 8, p. 73. — Worafka, A. v., 1899. Zwei seltene Erscheinungen der steierischen Ornis (Aquila clanga Pall. und Lestris parasitica (L.). Orn. Jahrb., v. 10, p. 72—74. — Wotzel, F., 1961. Zugbeobachtungen von einem Baggersee an der Salzburger Stadtgrenze aus den Jahren 1951—1960. Egretta, v. 4, p. 41—49. — Wotzel, F., 1961. Über das Auftreten des Kolkraben in der Umgebung Salzburgs. Vogelk. Ber. Inform. Salzburg, nr. 7, p. 1—2. — Wüst, W., 1958. Invasion von Zwergscharben (Phalacrocorax pygmæus) in Süddeutschland. Anz. orn. Ges. Bayern, v. 5, p. 83—93. — Wutte, J., u. Zifferer, A., 1934. Seltenere Vogelerscheinungen. Carinthia II, v. 43/44, p. 103—104. — Zapf, J., 1951. Ornithologische Beobachtungen im Glandreieck: Maria Saal—St. Veit/Glan—Lembach. Ibid., v. 61, p. 161—162. — Zapf, J., 1954. Vogelkundliche Beobachtungen im Gebiet Glantal—Längsee, 1954. Ibid., v. 64, p. 91—93. — Zapf, J., 1956. Kiebitz und Rötelfalke in Kärnten. Ibid., v., 66, p. 90. — Zapf, J., 1956. Vogelbeobachtungen im unteren und oberen Glantal, einschließlich des Längsees, in der Zeit vom 1. Jänner bis 31. Dezember 1955. Ibid., p. 90—94. — Zapf, J., 1956. Einige jagdornithologische Beobachtungen. Anblick, v. 11, p. 5. — Zapf, J., 1957. Ornithologische Kurznotiz 1957. Carinthia II, v. 67, p. 159. — Zapf, J., 1958. Ornithologische Beobachtungen im Frühling 1958. Ibid., v. 68, p. 179—180. — Zapf, J., 1959. Vogelkundliche Mitteilungen über das Frühjahr 1959. Ibid., v. 69, p. 97—99. — Zehentner, M., u. Bodenstein, G., 1951. Schneehuhnbeobachtungen. Orn. Mt., v. 3, p. 277. — Zehetner F., 1930. Ringdrossel im Mühlkreis. Bl. Naturk. Naturschutz, v. 17, p. 73. — Zifferer, A., 1889. Seltene Vogelerscheinungen des Winters, Frühlings und Herbstes 1887—88 in Kärnten. Carinthia, v. 79, p. 59—63. — Zifferer, A., 1890. Seltene Vogelerscheinungen vom 1. Jänner 1889 bis Ende Mai 1890 in Kärnten. Ibid., v. 80, p. 138—140. — Zifferer, A., 1892. Seltenere Vogelerscheinungen vom Juni 1890 bis Ende Dezember 1891 in Kärnten. Carinthia II, v. 82, p. 52 bis 56, 91—96. — Zifferer, A., 1893. Seltene Vogelzugserscheinungen des Jahres 1892 in Kärnten. Ibid., v. 83, p. 148—152. — Zifferer, A., 1894. Seltene Vogelzugserscheinungen des Jahres 1893 bis 1894 in Kärnten. Ibid., v. 84, p. 35—42, 230—234. — Zifferer, A., 1895. Seltene Vogelzugserscheinungen vom 1. Jänner 1895—15. Juli 1895. Ibid., v. 85, p. 142—144. — Zifferer, A., 1896. Seltene Vogelzugserscheinungen des letzten Halbjahres 1895. Ibid., v. 86, p. 37—41. — Zifferer, A., 1896. Seltene Vogelzugserscheinungen im ersten Halbjahr 1896. Ibid., p. 213 bis 215. — Zifferer, A., 1897. Seltene Vogelzugserscheinungen des zweiten Halbjahres 1896. Ibid., v. 87, p. 64—68. — Zifferer, A., 1908. Ornithologisches. Ibid., v. 98, p. 67—68. — Zifferer, A., 1914. Beiträge zur Kenntnis der heimischen Vogelfauna. I. Vogelvorkommnisse in Kärnten. Ibid., v. 104, p. 61—64. — Zifferer, A., 1922. Seltene Vogelerscheinungen in Kärnten. Ibid., v. 111, p. 42—43. — Zifferer, A., 1925. Seltenere Vogelerscheinungen in Kärnten. Ibid., v. 114/115, p. 72—73. — Zimmer, F., 1955. Aus dem Leben der Großtrappe. Ein seltenes Wild unserer Heimat. Universum, Natur u. Techn., v. 10, p. 657—662. — Zimmermann, R., 1940. Über das Brutvorkommen des Tamariskensängers und des Seggenrohrsängers am Neusiedlersee. Orn. Monber., *v.* 48, p. 85—86. — Zimmermann, R., 1940. Die Zwergmöwe im Neusiedlersee-Gebiet. Ibid., p. 173—178. — Zimmermann, R., Zum Vorkommen des Seggenrohrsängers am Neusiedlersee. Ibid., p. 179—181. — Zimmermann, R., 1944. Beiträge zur Kenntnis der Vogelwelt des Neusiedler Seegebiets. Ann. Mus. Wien, *v.* 54, p. III—VII, 1—272. — Zollikofer, E. H., 1900. Vorkommen von Cursorius gallicus bei Lustenau im Rheintal. Orn. Monschr., *v.* 25, p. 170. — Zwiesele, H., 1920. Ornithologisches vom Bodenseegebiet. Orn. Beob., *v.* 17, p. 65—71, 86—93. — Zwiesele H., 1926. Ornithologische Beobachtungen rund um Bregenz. Ibid., *v.* 23, p. 128—129, 146—148, 170—173.

Von jeder Art (Unterart) sind angegeben: der jetzt gültige Name, eventuell zwischen Klammern der Name der zugehörigen Untergattung, der Autorname und das Jahr und Literaturzitat der Erstbeschreibung. Wurde die Art zuerst einer anderen Gattung zugeteilt, ist der Name dieser, zwischen Klammern, dem Literaturzitat der Erstbeschreibung angefügt, und der Autorname steht in einem solchen Fall in Klammern. Auf das Zitat der Erstbeschreibung folgen weitere Angaben über beschreibende Literatur möglichst aus letzter Zeit. Synonyme finden unter Anführung des Art- und Autornamens, ferner des Jahres ihrer Beschreibung und eventuell des Literaturzitates und des Gattungsnamens nur dann Berücksichtigung, wenn Arten unter solchen Namen aus Österreich in wissenschaftlichen Schriften erwähnt sind.

Es folgen dann eine kurze tiergeographische Charakteristik der Art, in besonderen Fällen, in Klammern stehend, auch noch eine Kennzeichnung in ökologischer oder biologischer Hinsicht, und schließlich Angaben über das Vorkommen in Österreich unter gekürzter Anführung der einzelnen Bundesländer, in denen die Art festgestellt wurde: B = Burgenland, K = Kärnten, N = Niederösterreich (einschließlich Wien), O = Oberösterreich, S = Salzburg, St = Steiermark, V = Vorarlberg; Tirol wird aus tiergeographischen Gründen in Nord- (nT) und Osttirol (oT) geteilt. Eine allgemeine Verbreitung über ganz Österreich ist durch „Ö" zum Ausdruck gebracht. Liegt eine beschränkte Verbreitung vor, ist der in Frage kommende Teil des Bundeslandes näher bezeichnet, z. B. nB = = nördliches Burgenland, oN = östliches Niederösterreich, soK = Südostkärnten. Ist das Vorkommen lokalisiert, findet sich hinter der Abkürzung für das Bundesland, eingeklammert, die nähere Ortsangabe. Bei Arten, deren Erstbeschreibung aus Österreich erfolgte, ist der „klassische Fundort" (*l. cl.*) angegeben.

Eingeschleppte (und eingeführte) Arten sind hinter der Angabe ihres Vorkommens mit einem „×" bezeichnet. In historischer Zeit ausgestorbene Arten haben hinter der Angabe ihres letzten Vorkommens ein „+". Bisher unveröffentlichte Fundortsangaben sind durch ein „*" gekennzeichnet.

Aberrationen, Formen u. dgl. bleiben in der Regel unberücksichtigt. Varietäten und Bastarde sind nur ausnahmsweise aufgenommen und werden bei der zugehörigen Art angeführt oder folgen, im Text hineingerückt, hinter dieser.

Den Abschluß einer Ordnung, bei kleinen Ordnungen einer oder mehrerer Klassen, bildet ein Verzeichnis der wichtigsten einschlägigen Literatur; wo notwendig, wird auch bei untergeordneten Kategorien ein solches Schriftenverzeichnis gebracht. Am Schluß eines jeden Teiles findet sich ein Register der Tiernamen und Synonyma, sofern es nicht zweckmäßiger ist, das Namensverzeichnis aufzuteilen und es für einzelne oder einige wenige Abteilungen gesondert zu bringen.

Mitarbeiter und sonstige Interessenten werden auf die in der Kanzlei der Österreichischen Akademie der Wissenschaften erhältliche ANLEITUNG FÜR MITARBEITER aufmerksam gemacht, die von der Kommission zur Herausgabe des Catalogus Faunae Austriae abgefaßt wurde.